电子科技大学国家级职业教育"双师型"教师培训基地指定教材
电工电子基础课程系列教材

电子元器件识别、检测与装联轻松上手
——电子实训项目式教程

林　玲　贾聪智　董爱军　主　编

李朝海　副主编

U0281066

电子工业出版社
Publishing House of Electronics Industry
北京·BEIJING

内 容 简 介

本教材从实用性和易用性出发,采用项目式教学方法,系统地介绍了常用电子元器件的识别、检测与装联的方法和技能。全书共六个项目,主要内容包括:电阻器、电容器和电感器的识别与检测,半导体器件与其他元器件的识别与检测,通孔元器件的手工装配与焊接及问题判断与处理,表面贴装元器件的手工焊接与简易回流焊,双波段收音机的装配、焊接与调试,蓝牙音箱的装配、焊接与调试。本教材提供大量微课教学视频资源、PPT电子课件、复习题参考答案与解析等。

本教材可作为高等学校与职业院校电子信息类相关专业的基础教材,也可供相关领域的工程技术人员学习、参考。

图书在版编目(CIP)数据

电子元器件识别、检测与装联轻松上手 : 电子实训
项目式教程 / 林玲,贾聪智,董爱军主编. -- 北京 :
电子工业出版社, 2024. 10. -- ISBN 978-7-121-49100
-9

Ⅰ. TN606;TN305.93

中国国家版本馆 CIP 数据核字第 2024MQ8977 号

责任编辑:王晓庆

印　　刷:三河市华成印务有限公司
装　　订:三河市华成印务有限公司
出版发行:电子工业出版社
　　　　　北京市海淀区万寿路 173 信箱　　邮编:100036
开　　本:787×1 092　1/16　印张:11.5　字数:294 千字
版　　次:2024 年 10 月第 1 版
印　　次:2024 年 10 月第 1 次印刷
定　　价:39.00 元

凡所购买电子工业出版社图书有缺损问题,请向购买书店调换。若书店售缺,请与本社发行部联系,联系及邮购电话:(010) 88254888,88258888。

质量投诉请发邮件至 zlts@phei.com.cn,盗版侵权举报请发邮件至 dbqq@phei.com.cn。

本书咨询联系方式:(010) 88254113,wangxq@phei.com.cn。

前　言

电子元器件识别、检测与装联工艺的实践实训，是高等院校工科电子信息类相关专业学生的必修实践教学环节。该课程通过学生参与电子元器件的识别与检测，以及电子产品套件的装配、焊接、调试和测试，旨在培养学生对电路模型的感性认知，建立工程系统的概念，熟练运用常见仪器仪表和测量工具，强化工程实践能力，培养电子电气工程师的基本素质。这一实践课程为学生进一步深入学习理论与实验课程，以及参与科研工作提供了必要的支持和指导。

本教材源自电子科技大学电子实验中心"电装实习"课程组多年的教学经验，专为电子信息类相关专业学生编写。习近平总书记在党的二十大报告中强调："培养什么人、怎样培养人、为谁培养人是教育的根本问题。育人的根本在于立德。"为了贯彻党的教育方针，全面落实立德树人的根本任务，在本教材的编写中有机地融入了思政育人元素，并以"立德培志"专栏的形式引入行业概况、学习锦囊、科学发展史、先进环保技术等丰富内容，深入挖掘思政内涵，旨在加强教材在坚定理想信念、培养爱国热情与社会责任感、提升职业素养等方面的铸魂育人功能，以培养德智体美劳全面发展的社会主义建设者和接班人。

在适应新工科教育改革的背景下，本教材的编写秉承了项目式教学方法的原则，将学生置于教学的中心地位。通过选择生活中常见电子产品的生产过程作为实践内容，并合理设计操作性强的任务模块，着重培养学生的工程素养，强调理论与实践的密切结合，使学生能够通过实际操作中的学习来不断提高他们的学术兴趣和工程实践能力，这样的教材编写方式旨在为学生提供更富有启发性和实用性的学习体验。

本教材采用了探究式教学方法，针对某些项目的特点提出了与工程实践紧密结合的探究性问题。这些问题为教师在课堂上组织学生进行探究式学习提供了有力的参考素材。通过这种方法，学生不仅能够提高动手实践能力，还能够通过观察实践中的现象来深入探索其根本原因，这有助于加深对电路分析、模拟电路等专业基础课程相关内容的理解。此外，探究性教学方法还能够激发学生对相关专业课程的兴趣，为他们提供一种更具深度和广度的学习方式。利用这种方式，学生能够逐步构建完整的专业知识体系，提高学习主动性，培养分析和解决问题的能力，以及培养探究和创新的能力。

本教材采用了新形态立体化教材的设计理念，在保留与课堂实践教学直接相关的核心内容的基础上，通过二维码的方式嵌入了拓展知识、产业前沿、探究指引、科学发展史、名人故事等丰富资源，供学生根据个人兴趣进行深入学习和选择。此外，本教材还提供大量微课教学视频资源，并配备了 PPT 电子课件、复习题参考答案与解析等相关教学资源，请登录华信教育资源网（www.hxedu.com.cn）注册后免费下载，也可联系本书编辑（wangxq@phei.com.cn）索取。

本教材由六个项目组成。通过项目一与项目二的学习，学生可以掌握电阻器、电容器和电感器，半导体器件和其他元器件的识别与检测方法。在项目三与项目四中，可以学习通孔元器件与表面贴装元器件的焊接方法及常见问题的判断与处理方法。在项目五与项目六中，选择了两款具体的电子产品作为载体，使学生可以综合运用所学知识与技能，完成电子产品的装配与调试。

本教材项目一、项目二、项目六由林玲编写，项目三、项目四由贾聪智编写，项目五由董爱军编写，全书由李朝海校稿。在编写本教材的过程中，参考与借鉴了许多公开出版和发表的文献，同时研究了电子实训套件生产企业的技术资料，对此我们表示由衷的感谢。

尽管我们在编写过程中已尽最大努力，但由于编者水平有限，难免存在一些错误和不足之处，我们恳请读者对本教材提出批评和指正，以便不断改进和完善，以更好地满足学生和教师的需求。

编　者

目　　录

项目一 电阻器、电容器和电感器的识别与检测

 项目概述

电子元器件是组成电子设备的基本单元，任何一个电子设备都是由多个不同的电子元器件组成的。常见的电子元器件的识别与检测是电子工程实践的基础。

电阻器、电容器和电感器是构成电子产品的三种主要元件。

本项目由三个任务构成，包括电阻器的识别与检测、电容器的识别与检测和电感器的识别与检测。通过本项目的学习，学生可以了解常用电阻器、电容器和电感器的相关参数与种类，掌握常用电阻器、电容器和电感器的识别与检测方法，为后续的项目实践打下良好的基础。

 立德培志

中国——全球第一的电子元器件产销大国

电子元器件产业作为支撑信息技术产业发展的基石以及保障产业链供应链安全稳定的关键，一直是国家鼓励与扶持的重点对象。国家相关部门陆续出台了一系列支持电子元器件产业的相关政策，促进我国电子元器件产业向好发展。经过几十年的发展与几代人的努力，我国电子元器件产业已取得了巨大的进步与突破。2022年，我国电子元器件产业整体规模已突破2万亿元人民币，成为电子元器件产销规模最大的国家之一。其中电声器件、磁性材料元件、光电线缆等多个门类电子元器件的产量全球第一。同时，我国也是电子元器件进出口大国。2022年，我国电子元器件进出口总额达到12.17万亿元人民币，同比增长15.6%，创历史新高，且实现了贸易顺差。目前，我国已经形成世界上产销规模最大、门类较为齐全、产业链基本完整的电子元器件工业体系。

电阻器的识别与检测

【任务要求】

1. 了解电阻器的相关参数及分类方法。
2. 了解电阻器和电容器优先数系。
3. 掌握常见电阻器的识别方法。
4. 掌握常见固定电阻器的检测方法。
5. 掌握常见可调电阻器的检测方法。

【任务内容】

1. 从提供的各种固定电阻器中直观识别电阻器的类型、阻值和允许偏差，并将识别结果填写在表 1-1-1 中。

2. 使用数字万用表检测以上固定电阻器，测量电阻器的实际阻值，计算实际偏差，并将结果填写在表 1-1-1 中。

3. 对提供的各种可调电阻器进行识别并使用数字万用表进行检测，将识别与检测结果填写在表 1-1-2 中。

表 1-1-1　固定电阻器识别与检测表

序号	电阻器类型	阻值标注方法	标称阻值	允许偏差标注方法	允许偏差	万用表挡位	实际阻值	实际偏差	好坏判断

表 1-1-2　可调电阻器识别与检测表

序号	可调电阻器类型	标称阻值	允许偏差	万用表挡位	实际阻值	实际偏差	阻值变化情况	开关质量	好坏判断

**【知识准备】**

电阻器（简称电阻）是对电流产生阻碍作用的电子元件，是最基本、最常用的电子元件之一。电阻器在电路中的作用很多，主要作用有降压、限流、分流、阻抗匹配、建立特定工作点等。关于电阻器简介，可扫描此处二维码。

微课 1-1
电阻器简介

一、电阻器的主要技术参数

1．标称阻值

标称阻值是电阻器的主要参数之一。电阻器阻值的基本单位是欧姆（Ω），还有较大的单位千欧（kΩ）和兆欧（MΩ），它们的换算关系是

$$1\text{k}\Omega = 1000\Omega$$
$$1\text{M}\Omega = 1000\text{k}\Omega$$

2．允许偏差

电阻器的标称阻值往往与它的实际阻值有偏差。允许的最大偏差除以标称阻值所得的百分数，叫作允许偏差。允许偏差的大小反映了电阻器的精度，常见的电阻器的允许偏差有 0.5%、1%、2%、5%等。

3．额定功率

额定功率是指在正常大气压力和规定的温度下，电阻器长期连续工作并能满足规定的性能要求时，所允许消耗的最大功率。

当实际功率超过额定功率时，电阻器会因过热而变值，甚至烧毁。为保证安全使用，在设计电路时，电阻器的额定功率一般按照它在电路中实际消耗功率的 2 倍进行选择。

电阻器的额定功率在 0.05～500W 范围内有数十个等级，常用的有 0.05W、0.125W、0.25W、0.5W、1W、2W、5W、7W、10W 等。通常情况下，同类型电阻器的体积越小，其额定功率越小。

电阻器其他常见的技术参数还包括温度系数、非线性、噪声和极限电压等。

二、电阻器的种类

电阻器可分为固定电阻器、可调电阻器和敏感电阻器。

1．固定电阻器

固定电阻器是指阻值固定不变的电阻器。在电路中，固定电阻器通常用大写英文字母"R"表示，固定电阻器的电路符号如图 1-1-1 所示。

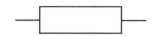

图 1-1-1 固定电阻器的电路符号

固定电阻器可由多种不同的材料制成，常见的有碳膜电阻器、金属膜电阻器、金属氧化膜电阻器、玻璃釉电阻器、线绕电阻器等，如图 1-1-2 所示。

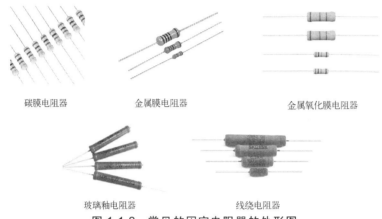

碳膜电阻器　　　　金属膜电阻器　　　　　金属氧化膜电阻器

玻璃釉电阻器　　　　　线绕电阻器

图 1-1-2 常见的固定电阻器的外形图

碳膜电阻器是由碳氢化合物在真空中通过高温蒸发分解，在陶瓷骨架表面沉积成碳结晶导电膜而制成的。这是一种应用最早、最广泛的电阻器，其阻值范围宽，价格低廉，在低端电子产品中被大量使用。

金属膜电阻器是由特种金属或合金材料在真空中经高温蒸发，在陶瓷骨架表面沉积一层金属或合金电阻膜层而制成的。它的温度系数、噪声、稳定性等多项电性能均比碳膜电阻器优良，价格比碳膜电阻器稍贵一些。这种电阻器被广泛应用在稳定性及可靠性要求较高的电路中。

金属氧化膜电阻器是用金属盐溶液喷雾到炙热的陶瓷骨架上分解、沉积形成的。这种电阻器耐高温、化学稳定性好，但电阻率低，小功率电阻器的阻值不超过 $100k\Omega$，因此应用范围受限。

玻璃釉电阻器又称厚膜电阻器，是由贵金属银、钯、钌、铑等的金属氧化物（氧化钯、氧化钌等）和玻璃釉黏合剂混合成浆料，涂覆在绝缘骨架上，经高温烧结而成的。其阻值范围大、价格低廉、温度系数小、耐湿性好，常用于高阻、高压、高温等场所。

线绕电阻器是用康铜、锰铜或镍铬合金丝在陶瓷骨架上绕制而成的。线绕电阻器的噪声小、温度系数小、稳定性好、精度高，但高频特性差，特别适用于高温和大功率场所。关于不同类型电阻器的型号命名，可扫描此处二维码。

文档 1-1
电阻器的型
号命名

固定电阻器的封装形式也有多种。图 1-1-2 所示的电阻器的封装均为常见的独立、通孔封装。除此之外，还有排电阻器和片式电阻器，如图 1-1-3、图 1-1-4 所示。

图 1-1-3　排电阻器　　　　　　　图 1-1-4　片式电阻器

排电阻器简称排阻，是将多个参数相同的电阻器按照一定规律排列并封装在一起而成的一种组合型电阻器。使用排阻可以简化 PCB 设计，减小产品体积，方便安装。

片式电阻器是采用表面贴装技术安装的一种固定电阻器，也称为贴片电阻器或贴片电阻。此类电阻器体积微小，多应用于集成度较高的电子产品中。

关于电阻器的更多前沿信息，可扫描此处二维码。

文档 1-2
前沿：高效能
质子可编程
电阻器

2．可调电阻器

可调电阻器是一种可以手动调整阻值的电阻器。在电路中，可调电阻器通常用大写字母"RP""RV""VR"表示。可调电阻器的电路符号如图 1-1-5 所示。

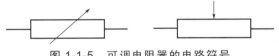

图 1-1-5　可调电阻器的电路符号

可调电阻器通常用于电位调节，因此习惯上也称为电位器。有时也将带有手柄的可调电阻器称为电位器，将不带手柄的可调电阻器称为微调电阻器。关于电位器的常见参数，可扫描此处二维码。

文档 1-3
电位器的常
见参数

电位器的种类繁多。根据材质不同，常见的有碳膜电位器、金属玻璃釉电位器、线绕电位器等；根据结构不同，常见的有带开关电位器、单联电位器、多联电位器等；根据调节方式不同，常见的有旋转式电位器、直滑式电位器等。图 1-1-6 是常见电位器的外形图。关于不同类型电位器的型号命名，可扫描此处二维码。

文档 1-4
电位器的型
号命名

3．敏感电阻器

敏感电阻器是指可以通过温度、湿度、光照强度、电压、受力等环境变化改变自身阻值的一种电阻器，常被用于传感器中。

常用的敏感电阻器包括阻值随温度变化的热敏电阻器、阻值随光照强度变化的光敏电阻器、阻值随湿度变化的湿敏电阻器、阻值随外加电压值变化的压敏电阻器、阻值随外部施加的机械力变化的力敏电阻器，以及阻值随环境中某种气体浓度变化的气敏电阻器等。图 1-1-7 是常见敏感电阻器的电路符号。

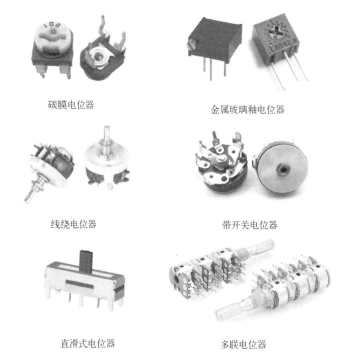

碳膜电位器　　　　　　　金属玻璃釉电位器

线绕电位器　　　　　　　带开关电位器

直滑式电位器　　　　　　多联电位器

图 1-1-6　常见电位器的外形图

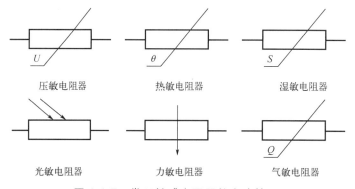

压敏电阻器　　　　　热敏电阻器　　　　　湿敏电阻器

光敏电阻器　　　　　力敏电阻器　　　　　气敏电阻器

图 1-1-7　常见敏感电阻器的电路符号

热敏电阻器包括阻值随温度升高而增大的正温度系数（PTC）热敏电阻器和阻值随温度升高而减小的负温度系数（NTC）热敏电阻器。图 1-1-8 是常见热敏电阻器的外形图。

（a）PTC 热敏电阻器　　　　　　　（b）NTC 热敏电阻器

图 1-1-8　常见热敏电阻器的外形图

光敏电阻器是根据半导体的光电效应而制成的一种特殊电阻器。光敏电阻器受光照后，其阻值会变小。

压敏电阻器是利用半导体材料的非线性特性而制成的一种特殊电阻器。当压敏电阻器两端施加的电压达到某一临界值（压敏电压）时，压敏电阻器的阻值就会急剧变小。

常用的湿敏电阻器是氯化锂湿敏电阻器。随着湿度的增大，湿敏电阻器的阻值变小。

力敏电阻器主要应用在测力和称重方面，可制成各种力矩计、半导体话筒、压力传感器等。主要品种有硅力敏电阻器、硒碲合金力敏电阻器。图 1-1-9 是常见的以上各种敏感电阻器的外形图。

关于不同类型敏感电阻器的型号命名，可扫描此处二维码。

文档 1-5
敏感电阻器的型号命名

（a）光敏电阻器　　（b）压敏电阻器　　（c）湿敏电阻器　　（d）力敏电阻器

图 1-1-9　光敏电阻器、压敏电阻器、湿敏电阻器、力敏电阻器的外形图

三、电阻器和电容器优先数系

电阻器、电容器和电感器是构成电子产品的三种主要元件，特别是电阻器和电容器，往往占一个电子产品元器件数量的一半以上。

由于工业化生产的需要，电阻器和电容器产品的规格是按照特定的优先数值提供的。根据国家标准 GB/T 2471—2024，电阻器和电容器的数值按照 E 系列进行生产，包括 E6、E12、E24、E48、E96、E192 六大系列。所谓的 E 系列，是按照以下通项公式计算得到的

$$a_n = (\sqrt[E]{10})^{n-1}, \qquad n=1,2,3,\cdots$$

当 E 取不同数值时，将计算所得的 a_n 数值四舍五入取近似值，形成各个 E 系列。例如，当 E 取 6 时，$a_1 = (\sqrt[6]{10})^{1-1} = 1$，$a_2 = (\sqrt[6]{10})^{2-1} \approx 1.5$，$a_3 = (\sqrt[6]{10})^{3-1} \approx 2.2 \cdots\cdots$ 由此可以得到一个数系，这个数系称为 E6 系列。当 E 取 12 时，同样可以得到一个 E12 系列。这些 E 系列统称为电阻器和电容器优先数系。表 1-1-3 所示为常用的电阻器和电容器优先数系。关于电阻器和电容器优先数系，可扫描此处两个二维码。

微课 1-2
电阻器和电容器优先数系

工厂按照这些系列中的数值乘以 10^n（n 为整数）进行电阻器和电容器的生产。例如，按照 E24 系列中的数值 1.1 生产 1.1Ω、11Ω、110Ω、1.1kΩ、11kΩ、110kΩ、1.1MΩ 等阻值的电阻器。

文档 1-6
其他电阻器和电容器优先数系

表 1-1-3 常用的电阻器和电容器优先数系

优先数系	允许偏差	数值系列											
E6	±20%	1.0	1.5	2.2	3.3	4.7	6.8						
E12	±10%	1.0	1.2	1.5	1.8	2.2	2.7	3.3	3.9	4.7	5.6	6.8	8.2
E24	±5%	1.0 1.1 1.2 1.3 1.5 1.6 1.8 2.0 2.2 2.4 2.7 3.0 3.3 3.6 3.9 4.3 4.7 5.1 5.6 6.2 6.8 7.5 8.2 9.1											

按照不同系列生产的电阻器和电容器的允许偏差是不同的。常用的 E6、E12、E24 系列对应的允许偏差分别为±20%、±10%和±5%。E48（±2%）、E96（±1%）、E192（严于±0.5%）系列的元件是精密元件，使用得较少。

对于电感器，优先数系的采用与电阻器和电容器相似，通常遵循 E 系列的近似等比数列。由此可见，有些数值的电阻器、电容器或电感器在市场上是购买不到的，比如 50kΩ 的电阻器、26μF 的电容器与 6mH 的电感器。在设计电路时，除非对电路性能有特殊要求，一般尽量在优先数系中选择最接近的规格。对于性能要求特别高的电路，可以定制非标元件，但价格较优先数系元件高得多。而电阻器的精度与价格之间也有一定关系，一般电阻器的精度越高，价格也越高，因此在进行精度选择时，应兼顾产品性能与成本。

【实施方法】

一、电阻器的参数识别

电阻器的标称阻值和允许偏差等参数一般标注在电阻器的表面，常见的标注方法有直标法、文字符号法、数码表示法和色标法。关于阻值识别方法，可扫描此处二维码。

微课 1-3
阻值识别
方法

1. 直标法

直标法是直接在电阻器表面标出标称阻值与允许偏差的方法，如图 1-1-10 所示。允许偏差用百分数表示，未标允许偏差的默认为 20%。

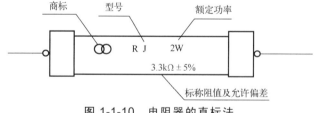

图 1-1-10 电阻器的直标法

直标法一目了然，但只适用于体积较大的电阻器。

2. 文字符号法

文字符号法是将阿拉伯数字和英文字母有规律地结合从而表示标称阻值的一种

方法。英文字母 R（Ω）、k、M 分别表示阻值的单位欧姆、千欧、兆欧。电阻器的常见允许偏差的等级符号见表 1-1-4。

表 1-1-4　电阻器的常见允许偏差的等级符号

允许偏差	±0.5%	±1%	±2%	±5%	±10%	±20%
等级符号	D	F	G	J（Ⅰ）	K（Ⅱ）	M（Ⅲ）

为了防止小数点在印刷不清时引起误解，故阻值采用这种标注方案的电阻体上通常没有小数点，而是将小于 1 的数值放在表示单位的英文字母后面。例如，图 1-1-11 所示的水泥电阻器上标注的 1R5 表示该电阻器的标称阻值为 1.5Ω，J 表示允许偏差为±5%，50W 则表示这个电阻器的额定功率为 50W。

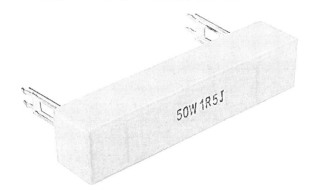

图 1-1-11　文字符号法标注的电阻器

3．数码表示法

数码表示法是用三位或四位数字来表示标称阻值的方法，这种方法常见于片式电阻器上。通常三位数字表示的片式电阻器的允许偏差是±5%，四位数字表示的片式电阻器是 E96 系列的电阻器，允许偏差是±1%。

对于三位数字的表示方法，从左至右的前两位为有效数字，第三位表示有效数字后面零的个数，单位为 Ω。例如，图 1-1-12 所示的这个标注为"103"的电阻器的标称阻值为 $10×10^3$，也就是 10kΩ。

对于四位数字的表示方法，从左至右的前三位为有效数字，第四位表示有效数字后面零的个数，单位为 Ω。例如，图 1-1-13 所示的这个标注为"1502"的电阻器的标称阻值为 $150×10^2$，也就是 15kΩ。

图 1-1-12　三位数字表示的电阻器

图 1-1-13　四位数字表示的电阻器

4．色标法

色标法是通过电阻器表面上不同颜色的环或点来表示其标称阻值和允许偏差的一种方法。色标法是通孔电阻器最常用的一种标识方式。目前，碳膜电阻器和金属膜电阻器大多使用色标法来标注，这些电阻器也称为色环电阻器。

使用色标法标注的电阻器通常可以通过电阻体的颜色来区分电阻器的种类。浅黄色的一般是碳膜电阻器，蓝色的一般是金属膜电阻器，绿色的一般是线绕电阻器。

用色标法标注的电阻器可分为四环电阻器和五环电阻器，其色环在电阻体上的标注方法如图 1-1-14 所示。

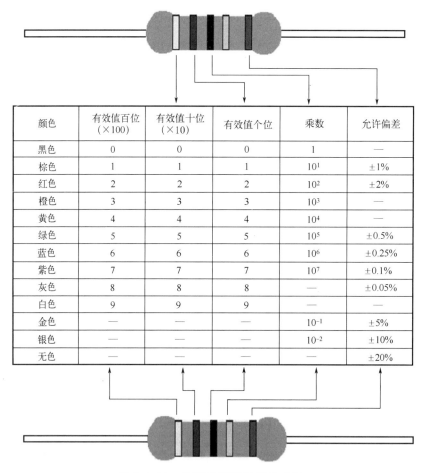

颜色	有效值百位（×100）	有效值十位（×10）	有效值个位	乘数	允许偏差
黑色	0	0	0	1	—
棕色	1	1	1	10^1	±1%
红色	2	2	2	10^2	±2%
橙色	3	3	3	10^3	—
黄色	4	4	4	10^4	—
绿色	5	5	5	10^5	±0.5%
蓝色	6	6	6	10^6	±0.25%
紫色	7	7	7	10^7	±0.1%
灰色	8	8	8	—	±0.05%
白色	9	9	9	—	—
金色	—	—	—	10^{-1}	±5%
银色	—	—	—	10^{-2}	±10%
无色	—	—	—	—	±20%

图 1-1-14　色环电阻器的标注方法

（1）四环电阻器

采用四环标注的电阻器，其第一色环是标称阻值的有效数字的十位数，第二色环是标称阻值的有效数字的个位数，第三色环是乘数，第四色环是允许偏差。表示允许偏差的第四色环的颜色通常是金色（±5%）。一般四环电阻器的允许偏差较大，大部分为碳膜电阻器。

示例：四环电阻器，色环分别是红、黄、橙、金。

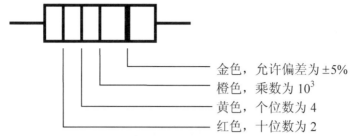

金色，允许偏差为±5%

橙色，乘数为 10^3

黄色，个位数为 4

红色，十位数为 2

该电阻器的标称阻值为 $24×10^3Ω=24kΩ$，允许偏差为±5%。

（2）五环电阻器

采用五环标注的电阻器，其第一色环是标称阻值的有效数字的百位数，第二色环是标称阻值的有效数字的十位数，第三色环是标称阻值的有效数字的个位数，第四色环是乘数，第五色环是允许偏差。常见的表示允许偏差的颜色为棕（±1%）、红（±2%），其他颜色不常见。五环电阻器的允许偏差较小，大部分为金属膜电阻器。

示例：五环电阻器，色环分别是红、紫、黑、金、棕。

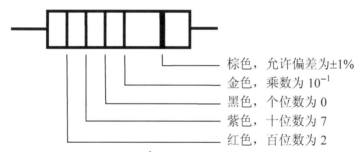

棕色，允许偏差为±1%

金色，乘数为 10^{-1}

黑色，个位数为 0

紫色，十位数为 7

红色，百位数为 2

该电阻器的标称阻值为 $270×10^{-1}Ω=27Ω$，允许偏差为±1%。

在工程实践中，快速准确地读出色环电阻器的标称阻值是一项基本功，应熟记各色环所代表的数字含义。

在读数时，如何识别第一色环是关键。一般而言，第一色环距离电阻体端部较近，而表示允许偏差的色环（尾环）较宽且距离其他色环较远。表示有效数字的第一色环不可能是金色或银色，表示允许偏差的尾环也不可能是黑色、橙色、黄色、白色。当允许偏差为±20%时，表示允许偏差的色环为电阻体本色，此时，四环电阻器就只有三条色环了。根据以上几点，即可识别第一色环。

二、固定电阻器的检测

检测固定电阻器时，应先对电阻器进行外观检查，观察电阻器的外观是否完好无损，标志是否清晰。如果电阻体表层颜色发生改变，如变为棕黄色或黑色，则该电阻器可能由于过热而烧毁。关于固定电阻器的检测，可扫描此处二维码。

接下来可使用指针万用表或数字万用表对固定电阻器进行阻值

微课 1-4
固定电阻器
的检测

检测，下面以数字万用表为例进行说明。

用数字万用表检测电阻器时，应将黑表笔插入标有"COM"的插孔中，将红表笔插入标有"Ω"的插孔中，如图1-1-15所示。

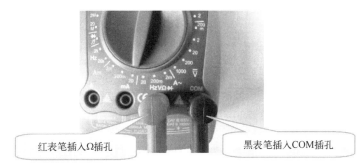

红表笔插入Ω插孔　　　黑表笔插入COM插孔

图1-1-15　测量电阻器时数字万用表的表笔插入位置

数字万用表拨盘上标有"Ω"的挡位是电阻挡，应根据待测电阻器的标称阻值选择比标称阻值高且最接近标称阻值的量程。例如，检测一个标称阻值为47kΩ的电阻器时，应选择图1-1-16所示的"2M"挡。如果标称阻值未知，则应该先选择最高量程，然后根据测量情况再选择适当的量程。

电阻2M挡

图1-1-16　检测电阻器时万用表的量程选择

对电阻器的检测可以分为开路检测与在路检测两种。

1．开路检测

开路检测是指对独立的电阻器进行检测。通过使用这种方法检测，可以得到电阻器的准确电阻值。

（1）电阻器开路检测的方法

① 将数字万用表表笔插放到位；

② 根据待测电阻器的标称阻值，调整数字万用表的量程到合适的电阻挡；

③ 将数字万用表的两支表笔分别接触待测电阻器的两个引脚，测量电阻器的阻

值，如图 1-1-17 所示。使用数字万用表测量元器件时，应注意测量者的手不能触碰元器件的金属引脚和数字万用表表笔的金属部位，以免引入人体电阻从而导致测量数据有误。

读取电阻器阻值时，阻值单位为所选挡位的单位。如图 1-1-17 所示，测量时选择的挡位为 2M 挡，因此电阻器的阻值读数为 0.045MΩ，也就是 45kΩ。

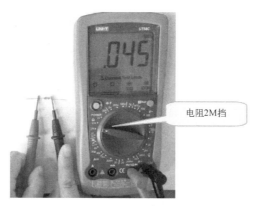

图 1-1-17　电阻器的开路检测

（2）电阻器开路检测的结果判断

① 如果测得的阻值接近被测电阻器的标称阻值且在允许偏差范围内，可以断定该电阻器正常；

② 如果测得的阻值大于被测电阻器的标称阻值且超出允许偏差范围，可以断定该电阻器损坏；

③ 如果测得的阻值小于被测电阻器的标称阻值且超出允许偏差范围，可以断定该电阻器损坏。

 思考与探究

使用数字万用表测量电阻器的阻值时，如果测量者的两手分别碰触了被测电阻器的两端或红/黑表笔，将会导致所测得的阻值不准确。

请结合电阻器的串联与并联电路知识，思考：

1. 此时所测得的阻值比实际阻值偏大还是偏小？

2. 对于阻值较大的电阻器和阻值较小的电阻器，这种偏差的影响有什么不同？

探究指引可扫描此处二维码。

文档 1-7
探究指引：人体接触对电阻器测量的影响

2. 在路检测

在路检测是直接对安装在电路板上的电阻器进行检测的方法。这种检测方法比较简便，但有时会因电路中其他元器件的干扰而造成测量偏差。因此，在使用在路检测时，一定要考虑电路中其他元器件对电阻器的干扰。

（1）电阻器在路检测的方法

① 首先将电路的电源断开；

② 将数字万用表表笔插放到位；

③ 根据电阻器的标称阻值，调整数字万用表的量程到合适的电阻挡；

④ 将数字万用表的两支表笔分别接触待测电阻器的两个引脚，测量一次阻值；

⑤ 将数字万用表的两支表笔对换位置，再测量一次阻值；

⑥ 最后比较两次测量的阻值，取较大的作为参考阻值。

（2）电阻器在路检测的结果判断

① 如果测量值大于标称阻值且超出允许偏差的范围，那么可以判断这个电阻器已经损坏。

② 由于在路的电阻器一般都会并联其他元件，因此测量值都小于标称阻值，如果测量值小于或约等于标称阻值，那么就无法准确判断电阻器是否损坏，此时需要进行开路检测。

关于数字万用表电阻挡的测量原理，可扫描此处二维码。

文档 1-8
数字万用表电
阻挡的测量
原理

三、可调电阻器的检测

本节以电位器为例介绍可调电阻器的检测。关于可调电阻器的检测，可扫描此处二维码。

微课 1-5
可调电阻器
的检测

电位器的结构如图 1-1-18 所示。电位器对外有三个引出端，其中两个是固定端 A、B（通常位于两侧），另一个是滑动端 C（也称中心抽头，通常位于中间）。旋转转轴可带动电位器内部的滑动臂旋转，使电刷在固定端 A、B 之间的电阻体上滑动，使得滑动端 C 与固定端 A 或 B 之间的阻值发生变化。

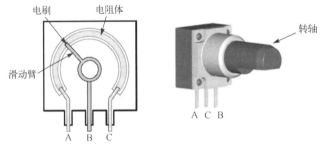

图 1-1-18　电位器的结构

带开关的电位器如图 1-1-19 所示，除了有两个固定端 A、B 和一个滑动端 C，还有两个与开关相连的引脚 E 和 F。

由此可见，对电位器的检测包括标称阻值的检测和阻值变化情况的检测。对于带开关的电位器，还需要进行开关的检测。

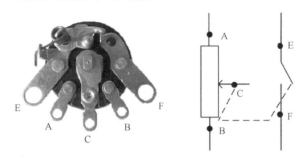

图 1-1-19　带开关的电位器

1. 电位器标称阻值的检测

首先观察电位器外形是否完好，表面有无凹陷、污垢，标识是否清楚。对电路板上的电位器进行检测时，应先将电位器与其他元器件断开连接。根据电位器的标称阻值选用数字万用表电阻挡的适当量程。将数字万用表的两支表笔分别接触电位器两个固定端引脚焊片，测量电位器的最大阻值是否与标称阻值一致，如图 1-1-20 所示。若测得的阻值为无穷大或者比标称阻值大且超出允许偏差范围，则说明该电位器已开路或变值损坏。

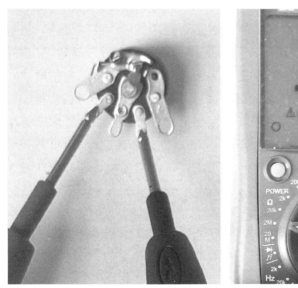

图 1-1-20　电位器标称阻值的检测

2. 电位器阻值变化情况的检测

首先慢慢转动电位器转轴，转轴应转动平滑、松紧适当、无机械杂音。根据电位器的标称阻值选用数字万用表电阻挡的适当量程。将数字万用表的两支表笔分别接触电位器中间的滑动端与两个固定端中的任意一个，如图 1-1-21 所示。

慢慢转动电位器转轴，使其从一个极端位置旋转至另一个极端位置。对于正常的电位器，数字万用表显示的阻值应从最大阻值连续变化至接近 0（或从接近 0 连续变化至最大阻值）。整个转动过程中，阻值应平稳变化，而不应有任何忽大忽小的跳变现象。若在调节阻值的过程中，阻值有忽大忽小的跳变现象，则说明该电位器存在接触不良的故障。

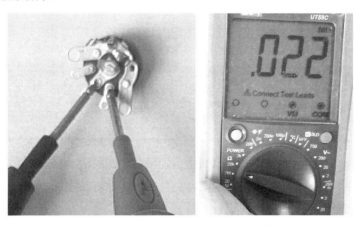

图 1-1-21　电位器阻值变化情况的检测

3．电位器开关的检测

首先检查开关是否灵活，接通、断开时是否有清脆的"咔哒"声。将数字万用表调至蜂鸣挡（通常标有"♪"或"◆"），使用蜂鸣挡可以快速地检测电路的通断。旋转电位器转轴，使开关闭合。数字万用表的两支表笔分别接触电位器上与开关相连的两个引脚，如图 1-1-22 所示。此时，数字万用表上指示的阻值应很小，且蜂鸣器鸣响。再反方向旋转转轴至开关断开，数字万用表应停止鸣响，数字万用表上指示的阻值变为超量程。测量时应反复闭合、断开电位器开关进行检测。若开关在"闭合"的位置不鸣响或者在"断开"的位置鸣响，则说明该电位器开关已损坏。

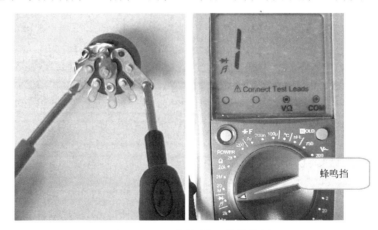

图 1-1-22　电位器开关的检测

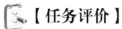 【任务评价】

电阻器的识别与检测任务评价表如表 1-1-5 所示。

表 1-1-5　电阻器的识别与检测任务评价表

考核项目	考核内容	分值	评价标准	得分
工程素养	1. 安全意识	4	注意用电安全，有良好的安全意识	
	2. 实践纪律	4	认真完成实验，不喧哗打闹	
	3. 仪器设备	4	爱惜实验室仪器设备	
	4. 场地维护	4	能保持场地整洁，实验完成后仪器物品摆放合理有序	
	5. 节约意识	4	节约耗材，实验结束后关闭仪器设备及照明电源	
固定电阻器的识别与检测	1. 识读固定电阻器的标志参数	20	能正确识读固定电阻器的类型、标称阻值和允许偏差，每只 4 分	
	2. 检测固定电阻器的阻值	20	能正确选择数字万用表的挡位，操作方法正确，判断结果准确，每只 4 分	
可调电阻器的识别与检测	1. 识读可调电阻器的标志参数	8	能正确识读可调电阻器的类型、标称阻值和允许偏差，每只 2 分	
	2. 检测可调电阻器的阻值与阻值变化情况	20	能正确选择数字万用表的挡位，操作方法正确，判断结果准确，每只 5 分	
	3. 检测可调电阻器的开关	12	能正确选择数字万用表的挡位，操作方法正确，开关质量判断准确，每只 3 分	

电容器的识别与检测

【任务要求】

1. 了解电容器的相关参数及分类方法。
2. 掌握常见电容器的识别方法。
3. 掌握常见固定电容器的检测方法。

【任务内容】

1. 从提供的各种电容器中直观识别固定电容器的类型、标称容值和允许偏差，并将识别结果填写在表1-2-1中。

2. 使用数字万用表电容挡检测以上固定电容器，测量电容器的实际容值，计算实际偏差，并将结果填写在表1-2-1中。

3. 从提供的电解电容器中直观识别电解电容器的容值，使用数字万用表电阻挡检测电解电容器的充电过程，并将结果填写在表1-2-2中。

表 1-2-1 固定电容器识别与检测表

序号	电容器类型	容值标注方法	标称容值	允许偏差标注方法	允许偏差	数字万用表挡位	实际容值	实际偏差	好坏判断

表 1-2-2 电解电容器识别与检测表

序号	标称容值	额定电压	数字万用表挡位	阻值显示情况	好坏判断

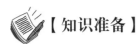**【知识准备】**

电容器是储存电荷的元件，简称电容。电容器是由两片相距很近的金属板或金属薄膜中间夹一层绝缘材料所构成的。两片金属板称为极板，中间的绝缘材料称为电介质。电容器只能"通过"交流电而不能通过直流电，常用于振荡电路、调谐电路、滤波电路和耦合电路中。关于电容器简介，可扫描此处二维码。莱顿瓶是人类发明的第一个电容器，也是人类在电力领域不断探索和研究过程中取得的巨大突破。关于莱顿瓶的更多内容，可扫描此处二维码。

微课 1-6
电容器简介

文档 1-9
人类发明的第
一个电容器：
莱顿瓶

一、电容器的主要技术参数

1. 标称容值

不同的电容器储存电荷的能力不同，通常把电容器外加 1V 直流电压时所储存的电荷量称为该电容器的容量（简称电容）。电容的基本单位为法拉（F），在实际工程应用中，法拉这个单位比较大，更常用的电容单位有微法（μF）、纳法（nF）、皮法（pF）等，它们的关系是

$$1F = 10^6 \mu F$$
$$1\mu F = 10^3 nF$$
$$1nF = 10^3 pF$$

2. 允许偏差

电容器的允许偏差是指电容器的实际容值相对标称容值的最大允许偏差范围。

3. 额定电压

额定电压是指电容器在电路中长期有效地工作而不被击穿所能承受的最大直流电压。电容器工作在交流电路中时，交流分量的峰值电压与直流分量电压的总和不能超过额定电压。对于结构、电介质、容量相同的电容器，额定电压越高，体积越大，价格越高。

4. 绝缘电阻

由于电容器中的电介质不是理想绝缘体，因此任何电容器两极间都存在一定的电阻值，且工作时存在漏电流。电容器两极之间的电阻值就称为电容器的绝缘电阻，它表明电容器漏电的大小。一般容量的电容器，绝缘电阻很大，从几百兆欧到几吉欧不等。相对而言，绝缘电阻越大，漏电越小。

5. 损耗因数

损耗因数代表电容器在单位时间内由于发热而消耗的能量大小。在交流、高频电路中，损耗因数是一个重要的参数。

6. 温度系数

温度系数是在一定温度范围内，温度每变化 1℃，容量的相对变化值。电容器的温度系数越小越好。

二、电容器的分类

按照电容器的容量是否可调，电容器可分为固定电容器、可变电容器与微调电容器。

1. 固定电容器

固定电容器是指容量固定不变的电容器。在电路中，固定电容器通常用大写英文字母"C"表示。固定电容器包括无极性电容器和有极性电容器，它们的电路符号如图 1-2-1 所示。

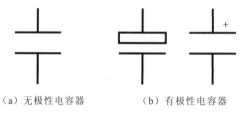

（a）无极性电容器　　　　（b）有极性电容器

图 1-2-1　固定电容器的电路符号

固定电容器根据电介质材质的不同，可分为有机介质电容器、无机介质电容器和电解电容器。

（1）有机介质电容器

常见的有机介质电容器包括纸介电容器、薄膜电容器等。

纸介电容器用电容器专用纸作为电介质，生产工艺简单、成本低、电压范围较宽，但容量偏差较大、损耗高、稳定性差，适用于直流及低频电路。

薄膜电容器以涤纶、聚苯乙烯、聚丙烯等塑料薄膜为电介质，容量范围大，但稳定性不高。涤纶电容器适用于低频电路，聚苯乙烯电容器适用于高频电路，聚丙烯电容器能耐高压。

常见的有机介质电容器如图 1-2-2 所示。

（2）无机介质电容器

常见的无机介质电容器包括瓷介电容器、云母电容器、玻璃釉电容器等。

瓷介电容器的电介质是陶瓷。这种电容器体积小、耐热性好、绝缘电阻高、稳定性较好，适用于高频、低频电路。

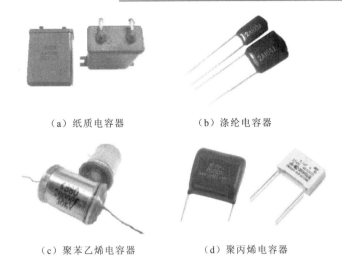

（a）纸质电容器　　　　（b）涤纶电容器

（c）聚苯乙烯电容器　　　　（d）聚丙烯电容器

图 1-2-2　常见的有机介质电容器

云母电容器用云母作为电介质，具有可靠性高、损耗小、绝缘电阻高、温度系数小、容量精度高、频率特性好等优点，但其成本较高，容量较小，适用于高频电路。

玻璃釉电容器的电介质是由玻璃釉粉压制成的薄片。玻璃釉电容器的介电系数大，耐高温、抗潮湿性强、损耗小。

常见的无机介质电容器如图 1-2-3 所示。

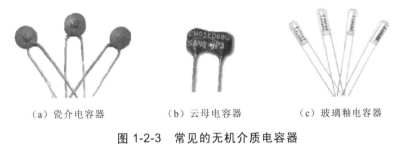

（a）瓷介电容器　　　（b）云母电容器　　　（c）玻璃釉电容器

图 1-2-3　常见的无机介质电容器

（3）电解电容器

电解电容器是一种有极性的电容器，常见的有铝电解电容器、钽电解电容器等。

铝电解电容器的正极是一片铝箔，通过阳极氧化在铝箔表面形成一层非常薄的氧化铝（Al_2O_3）作为电介质。铝电解电容器体积大、容量大，但相比无极性电容器，铝电解电容器的绝缘电阻低、频率特性差、容量会随周围环境和时间而变化，适用于电源滤波和低频电路。

钽电解电容器以钽金属片作为正极，其表面的氧化钽薄膜作为电介质。钽电解电容器体积小，却能达到较大的容量，特别适合于小型化，已在军事通信、航天、工业控制、影视设备等领域广泛应用。

图 1-2-4 所示为常见的电解电容器。

（a）铝电解电容器　　　　　　　（b）钽电解电容器

图 1-2-4　常见的电解电容器

固定电容器的封装形式除常见的通孔封装外，还有片式封装。常见的片式电容器有片式瓷介电容器、片式铝电解电容器和片式钽电解电容器等，如图 1-2-5 所示。

（a）片式瓷介电容器　　　（b）片式铝电解电容器　　　（c）片式钽电解电容器

图 1-2-5　常见的片式电容器

关于不同种类电容器的型号命名，可扫描此处二维码。

2．可变电容器与微调电容器

容量能够连续可调的电容器叫作可变电容器。微调电容器是可变电容器的一种，它的容量可在小范围内调节。关于可变电容器与微调电容器，可扫描此处二维码。可变电容器与微调电容器在电路图中通常用"TC"或"VC"表示，它们的电路符号如图 1-2-6 所示。

文档 1-10
电容器的型
号命名

微课 1-7
可变电容器与
微调电容器

（a）可变电容器　　　（b）微调电容器

图 1-2-6　可变电容器与微调电容器的电路符号

单联可变电容器一般由相互绝缘的两组极片组成：固定不动的一组极片称为定

片，可动的一组极片称为动片。通过旋转电容器的转轴，可以改变动片与定片之间的重合面积，从而改变电容器的容量。

将几只可变电容器的动片合装在同一个转轴上，就可以组成多联可变电容器，常见的有双联、三联、四联可变电容器等。可变电容器的电介质通常为空气或有机薄膜。图 1-2-7 所示为常见的可变电容器。

（a）单联空气介质可变电容器　　（b）双联空气介质可变电容器　　（c）四联薄膜介质可变电容器

图 1-2-7　常见的可变电容器

微调电容器又叫作半可变电容器，一般没有突出的转轴，需用螺丝刀等旋具进行调节。它的容量不需要经常调节，一般在电路初装时调节一次后就不再改变了。常见的微调电容器如图 1-2-8 所示。

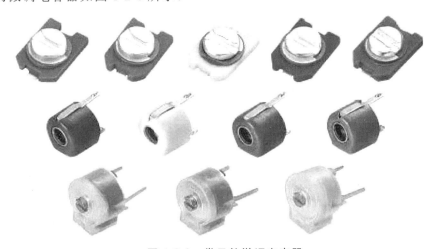

图 1-2-8　常见的微调电容器

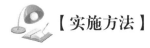 【实施方法】

一、电容器的参数识别

电容器的标称容值、允许偏差、额定电压等参数一般标注在电容器的表面，常见的标注方法有直标法、文字符号法和数码表示法。关于固定电容器的识别方法，可扫描此处二维码。

微课 1-8
固定电容器
的识别方法

1．直标法

直标法是把电容器的容量、允许偏差、额定电压等参数直接标注在外壳上，如图 1-2-9 所示。该方法主要用在体积较大的电容器上，如铝电解电容。

额定电压400V　　允许偏差M（±20%）　　耐温值105℃　　容量220μF

图 1-2-9　电容器的直标法

铝电解电容器正、负极性的标注方法通常是在外壳上用白色的标记线来表示负极，也可通过引脚的长短来识别，长脚为正极，短脚为负极，如图 1-2-10 所示。钽电解电容器则是在正极引脚一侧的电容体上用"＋"进行标注。

图 1-2-10　铝电解电容器的正、负极性标注

2．文字符号法

文字符号法采用字母和数字结合的方法来标注电容器的主要参数。

文字符号法标注的电容器通常省略表示单位法拉的字母"F"，用字母 p、n、μ（或 M）表示单位，如 10p 代表 10pF。文字符号法通常不用小数点，而是用单位将整数和小数部分隔开。例如，3p3 代表 3.3pF，M33 表示 0.33μF，6n8 表示 6.8nF。在标注容量小于 100pF 的瓷介电容器时，经常会省略单位 pF，如 1 表示 1pF，22 表示 22pF，如图 1-2-11 所示。

6.8nF　　　　22pF

图 1-2-11　文字符号法标注的电容器

3．数码表示法

数码表示法用三位数字表示，此法与电阻器的三位数码表示法一致。其中第一位、第二位为有效数字位，表示容量值的有效数字，第三位表示有效数字后零的个数，容量的单位为 pF。例如，203 表示容量为 $20×10^3pF=0.02\mu F$，222 表示容量为 $22×10^2pF=2200pF$，104 表示容量为 $10×10^4pF=0.1\mu F$ 等，如图 1-2-12 所示。另外，如果第三位数为 9，则表示 10^{-1}，而不是 10 的 9 次方，如 479 表示 $47×10^{-1}pF=4.7pF$。

$0.1\mu F$

图 1-2-12 数码表示法标注的电容器

电容器的允许偏差和额定电压也常用文字符号法表示。电容器常见允许偏差符号表如表 1-2-3 所示。表示额定电压时，常用数字+字母的方式表示，字母表示额定电压有效值，数字表示额定电压有效值后零的个数。电容器常见额定电压有效值符号表如表 1-2-4 所示。如图 1-2-13 所示的涤纶电容器，2A 表示额定电压为 $1×10^2=100V$；224 是用数码表示法表示的容量值，为 $22×10^4pF=0.22\mu F$；J 表示允许偏差为 ±5%。

表 1-2-3 电容器常见允许偏差符号表

允许偏差	±1%	±2%	±5%	±10%	±20%	±30%
符号	F	G	J	K	M	N
允许偏差	−0%～+100%	−10%～+30%	−10%～+100%	−20%～+50%	−10%～+50%	−20%～+80%
符号	H	Q	R	S	T	Z

表 1-2-4 电容器常见额定电压有效值符号表

符号	A	B	C	D	E	F	G	H	J
额定电压有效值	1	1.25	1.6	2	2.5	3	4	5	6.3

图 1-2-13 用文字符号法表示额定电压与允许偏差的电容器

微课 1-9
固定电容器
的检测

二、固定电容器的检测

可以使用万用表、LCR 电桥测试仪等对固定电容器进行检测，本节以常见的数字万用表为例介绍固定电容器的检测。关于固定电容器的检测，可扫描此处二维码。

1. 使用电容挡直接检测电容器

某些数字万用表具有测量电容器容量值的功能，可以粗略检测电容器的容量。如需要精确检测电容器的容量，则需要使用 LCR 电桥测试仪。

有的数字万用表面板上带有测量电容器的 Cx 插孔，可将电容器直接插入 Cx 插孔进行测量；有的数字万用表没有 Cx 插孔，可在数字万用表表针的相应插孔中插入数字万用表配备的转换插座，再将电容器插入插座进行检测，如图 1-2-14 所示。

图 1-2-14 使用数字万用表 Cx 插孔或转换插座检测电容器

数字万用表拨盘上标有"F"的挡位是电容挡。应根据待测电容器的标称容值选择比标称容值高且最接近标称容值的量程。例如，检测一个标称容值为 4.7μF 的电容器时，应选择图 1-2-15 所示的"100μ"挡。

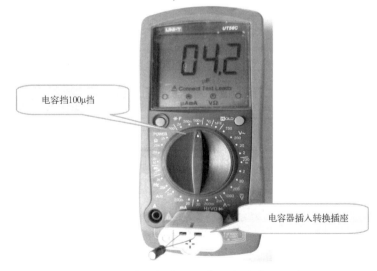

图 1-2-15 使用数字万用表电容挡检测电容器

测量电容器之前需要对电容器进行放电。对于小容量的电容器，可以直接短接电容器的两极放电；对于容量较大或耐压值较高的电容器，应该在电容器两极间连接灯泡或阻值较小的电阻器进行放电，切不可直接短接两极放电，否则会产生电火花，导致人身安全事故。

将放电后的电容器插入转换插座，此时要注意转换插座上有无极性标识。有的数字万用表在 Cx 插孔或转换插座上标有极性，当测量具有极性的电解电容器时，被测电容器的极性应与插孔或转换插座上标注的极性保持一致。有的数字万用表内部设有保护电路，使用这种数字万用表测量有极性的电解电容器时，不必考虑电容器的极性。

将电容器插入 Cx 插孔或转换插座后即可在屏幕上显示被测电容器的容量值，如图 1-2-15 所示。在检测大容量电容器时，读数可能需要数秒时间才能趋于稳定，应待液晶屏上所显示的数字稳定以后再读取被测电容器的容量值。

有的数字万用表在测量 50pF 以下的小容量电容器时误差较大，测量 20pF 以下的电容器时几乎没有参考价值。此时可采用并联法测量小容量电容器，方法是：先找一只 220pF 左右的电容器，用数字万用表测出其实际容量 C_1，然后把待测小容量电容器与之并联，测出其总容量 C_2，则两者之差（C_2-C_1）即待测小容量电容器的容量值，如图 1-2-16 所示。用此方法测量 1～20pF 的小容量电容器非常准确。

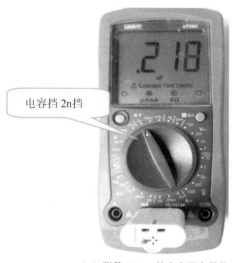
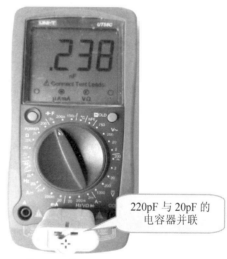

（a）测量 220pF 的电容器容量值　　　　（b）将 220pF 与 20pF 的电容器并联后进行测量

图 1-2-16　使用数字万用表电容挡检测小容量电容器

2. 使用电阻挡检测电解电容器的充电过程

对于没有电容挡的数字万用表，也可以使用电阻挡来观察电解电容器的充电过程。

将数字万用表拨至合适的电阻挡。当容量较小时，应选用高阻挡；当容量较大时，应选用低阻挡。将红表笔接电解电容器的正极，黑表笔接电解电容器的负极，这时数字万用表显示值将从"000"开始逐渐增大，直至显示溢出符号"1"，如图 1-2-17 所示。

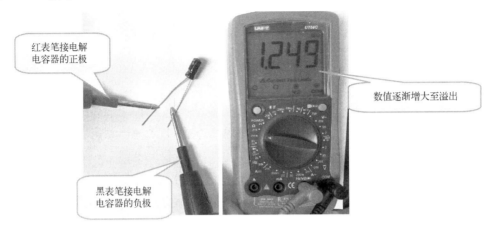

红表笔接电解电容器的正极

数值逐渐增大至溢出

黑表笔接电解电容器的负极

图 1-2-17　使用数字万用表的电阻挡检测电解电容器

若数字万用表的数值增大缓慢，可以选择更低的挡位，再次对电容器进行检测。若数字万用表的数值增大过快或直接显示溢出，可以选择更高的挡位，再次对电容器进行检测。在每次对电容器进行检测前，都应对电容器进行放电。

若无论选择何种挡位，数字万用表始终显示"000"，则说明电解电容器内部短路；若始终直接显示溢出，则说明电解电容器内部极间开路。

对于瓷介电容器等小容量电容器，在使用数字万用表的电阻挡进行检测时，由于充电时间太短，无法观察到数值变化过程，因此将直接显示溢出。

 思考与探究

请参阅数字万用表电阻挡的测量原理，并结合"电路分析"课程中的 RC 一阶电路知识，思考以下问题：

1. 使用数字万用表的电阻挡检测电解电容器时，屏幕显示值从起始到溢出的时间代表什么含义？

2. 使用数字万用表的电阻挡检测电解电容器时，为什么容量较小时应选用高阻挡，容量较大时应选用低阻挡？

探究指引可扫描此处二维码。

文档 1-11
探究指引：数字万用表电阻挡检测电容器的原理

3. 使用蜂鸣挡快速检测电解电容器

使用数字万用表的蜂鸣挡，可以快速检测电解电容器的质量好坏。将数字万用表拨至蜂鸣挡，将两支表笔分别与被测电容器的两个引脚接触，应能听到一阵短促的蜂鸣声，随即声音停止，同时显示溢出符号"1"。

接着，再将两支表笔对调测量一次，蜂鸣器应再次发声并停止，最终显示溢出符号"1"，此种情况说明被测电解电容器基本正常。测量过程如图 1-2-18 所示。

对于瓷介电容器等小容量电容器，在使用数字万用表的蜂鸣挡检测时，由于充电时间太短，因此无法听到鸣响。

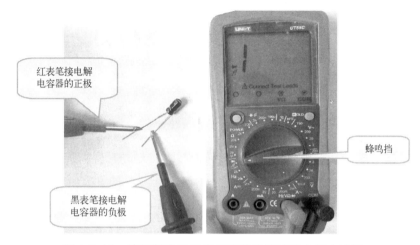

红表笔接电解
电容器的正极

黑表笔接电解
电容器的负极

蜂鸣挡

图 1-2-18 使用数字万用表蜂鸣挡快速检测电解电容器

【任务评价】

电容器的识别与检测任务评价表如表 1-2-5 所示。

表 1-2-5 电容器的识别与检测任务评价表

考核项目	考核内容	分值	评价标准	得分
工程素养	1. 安全意识	4	注意用电安全，有良好的安全意识	
	2. 实践纪律	4	认真完成实验，不喧哗打闹	
	3. 仪器设备	4	爱惜实验室仪器设备	
	4. 场地维护	4	能保持场地整洁，实验完成后仪器物品摆放合理有序	
	5. 节约意识	4	节约耗材，实验结束后关闭仪器设备及照明电源	
固定电容器的识别	识读固定电容器的标识参数	20	能正确识读固定电容器的类型、标称容值和允许偏差，每只 4 分	
固定电容器的检测	1. 使用数字万用表电容挡检测固定电容器的容值	20	能正确选择数字万用表的挡位，操作方法正确，判断结果准确，每只 4 分	
	2. 使用数字万用表电阻挡检测电解电容器的充电过程	40	1. 能正确识读电解电容器的标称容值与额定电压，每只 4 分 2. 数字万用表电阻挡挡位选择正确，判断结果正确，每只 4 分	

电感器的识别与检测

 【任务要求】

1. 了解电感器的相关参数及分类方法。
2. 掌握常见电感器的识别方法。
3. 掌握常见电感器的检测方法。
4. 掌握常见变压器的检测方法。

 【任务内容】

1. 从提供的各种电感器中直观识别电感器的类型、电感量大小和允许偏差，并将识别结果填写在表 1-3-1 中。

2. 使用数字万用表对以上电感器进行检测，判断其好坏，并将结果填写在表 1-3-1 中。

3. 使用数字万用表对提供的各种变压器进行检测，将检测结果填写在表 1-3-2 中。

表 1-3-1　电感器识别与检测记录表

序号	电感器类型	参数标注方法	标称电感量	允许偏差	实测阻值	好坏判断

表 1-3-2　变压器检测记录表

序号	初级−外壳绝缘电阻	次级−外壳绝缘电阻	初级−次级绝缘电阻	初级线圈阻值	次级线圈阻值	好坏判断

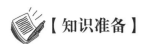【知识准备】

　　电感器是一种常见的储能元件。当电流通过导线时，导线的周围会产生一定的磁场，并在处于这个磁场中的导线上产生感应电动势——自感电动势，这个现象称为电磁感应。为了加强电磁感应，常将表层绝缘的导线绕成一定圈数的线圈，这个线圈称为电感线圈或电感器，简称电感。电感器可以"通过"直流电，但会对交流电产生很大的阻碍。电感器的应用范围很广，它在调谐、振荡、耦合、匹配、滤波、陷波、延迟、补偿及偏转聚焦等电路中都是必不可少的。关于电感器简介，可扫描此处二维码。

微课 1-10
电感器简介

一、电感器的主要技术参数

1．标称电感量

　　电感量是表示电感器产生自感应能力的一个物理量。通常，电感线圈的圈数越大、绕制的线圈越密集，电感量越大。有磁芯的线圈比无磁芯的线圈的电感量大；磁芯磁导率越大的线圈，电感量也越大。

　　电感量的基本单位是亨利，简称亨，用字母"H"表示。常用的单位还有毫亨（mH）和微亨（μH），它们之间的关系是

$$1H = 1000mH$$
$$1mH = 1000\mu H$$

2．允许偏差

　　允许偏差是指电感器的标称电感量与实际电感量的允许误差值。用于振荡或滤波等电路中的电感器的精度要求比较高，允许偏差通常为 0.2%～0.5%；而用于耦合或高频阻流的线圈，精度要求不高，允许偏差通常为 10%～15%。

3．品质因数

　　电感器的品质因数定义为

$$Q = \frac{2\pi f L}{R}$$

式中，f 为电路的工作频率，L 为线圈的电感量，R 为线圈的总损耗电阻（包括直流电阻、高频电阻及介质损耗电阻）。

　　品质因数也称为 Q 值或优值，是衡量电感器质量的主要参数。电感器的 Q 值越大，损耗越小，效率就越高。一般谐振电路的线圈要求 Q 值较大。

4．分布电容

　　分布电容是指线圈的匝与匝之间、线圈与磁芯之间存在的电容。电路工作的频率越高，分布电容的影响就越严重，导致损耗增大，Q 值减小。电感器的分布电容越小，稳定性越好。

5．额定电流

额定电流是指电感器在正常工作时允许通过的最大电流值。如果工作电流超过额定电流，电感器就会因为发热而使性能参数发生改变，甚至可能被烧毁。

二、电感器的分类

电感器通常分为小型密封固定电感器、线圈形式的电感器、微调电感器、变压器、片式电感器等。

1．小型密封固定电感器

小型密封固定电感器是将线圈绕制在软磁铁氧体的磁芯上，外表用环氧树脂或其他包封材料密封的一种固定电感器。

常见的小型密封固定电感器包括卧式（如 LG1 型、LGA 型）密封固定电感器和立式（如 LG2 型）密封固定电感器。用环氧树脂封装的固定电感器常用色环标注电感量与允许偏差，因此这类电感器也称为色码电感器。小型密封固定电感器的外形如图 1-3-1 所示。

LG1型　　　　LG2型　　　　色码电感器

图 1-3-1　小型密封固定电感器的外形

小型密封固定电感器具有体积小、质量轻、结构牢固（耐震动、耐冲击）、防潮性能好、安装方便等优点，常用在滤波、扼流、延迟、陷波等电路中。

2．线圈形式的电感器

线圈形式的电感器分为空芯线圈与实芯线圈。实芯线圈常采用环氧铁磁芯。磁芯的形状有 I 形、E 形、罐形及环形等。常见的线圈如图 1-3-2 所示。

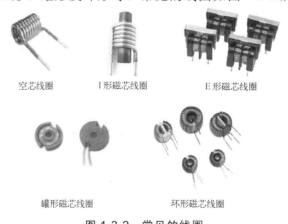

空芯线圈　　　I形磁芯线圈　　　E形磁芯线圈

罐形磁芯线圈　　　环形磁芯线圈

图 1-3-2　常见的线圈

有的线圈带有中间抽头，也就是线圈或绕组中绕到中间时抽出来的接头。有时可根据需求数目在不同位置引出多个抽头。图 1-3-3 所示就是一个带有中间抽头的磁棒线圈。

图 1-3-3　带有中间抽头的磁棒线圈

3．微调电感器

微调电感器是可以对电感量进行细微调整的电感器，有的微调电感器带有屏蔽外壳。使用旋具通过磁芯上的条形槽口旋转磁芯，可以对磁芯位置进行调整来改变电感量。微调电感器如图 1-3-4 所示。

图 1-3-4　微调电感器

4．变压器

变压器也是一种电感器，它是利用两个电感线圈靠近时的互感现象工作的，在电路中可以起到电压变换和阻抗变换的作用，是电子产品中非常常见的元件。

按照工作频率，变压器可分为高频变压器、中频变压器和低频变压器等。工作在不同频率的变压器所使用的磁芯材质不同。低频变压器一般用高磁导率的硅钢片作为磁芯；高频变压器则使用高频铁氧体磁芯。常见的变压器如图 1-3-5 所示。

（a）高频变压器　　　　　（b）中频变压器　　　　　（c）低频变压器

图 1-3-5　常见的变压器

中频变压器也称为中周，是超外差式接收机中特有的一种具有谐振回路的变压器，但其谐振频率可在一定范围内微调，可以使电路达到稳定的谐振频率（465kHz）。

`中周的结构较简单，占用的空间较小。中周与带有屏蔽罩的微调电感器的外形相似，上部有一个顶端带有条形槽口的磁帽，中部的磁芯上绕着初级线圈与次级线圈。由于晶体管的输入阻抗、输出阻抗低，为了使中周能与晶体管的输入阻抗、输出阻抗匹配，中周的初级线圈带有抽头，次级耦合线圈的圈数很小。中周底部通常带有一个小电容器，这个电容器与初级线圈并联，构成谐振回路。可以通过旋转磁帽改变磁芯位置而改变电感量，使中周的谐振频率在一定范围内微调。

中周的外形及结构如图 1-3-6 所示。

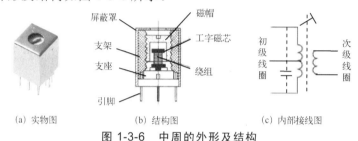

    （a）实物图   （b）结构图   （c）内部接线图

图 1-3-6　中周的外形及结构

5. 片式电感器

片式电感器是指采用表面贴装方式安装在电路板上的一类电感器，其内部的电感量不能调整，因此属于固定电感器。常见的片式电感器有小功率片式电感器、大功率片式电感器和片式变压器，外形如图 1-3-7 所示。

（a）小功率片式电感器   （b）大功率片式电感器   （c）片式变压器

图 1-3-7　常见的片式电感器的外形

在电路原理图中，电感器通常用大写英文字母"L"表示，变压器通常用大写英文字母"T"表示。常见的电感器与变压器的电路符号如图 1-3-8 所示。

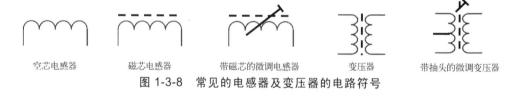

空芯电感器   磁芯电感器   带磁芯的微调电感器   变压器   带抽头的微调变压器

图 1-3-8　常见的电感器及变压器的电路符号

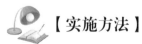【实施方法】

一、电感器的参数识别

电感器常见的参数标注方法有直标法、文字符号法、数码表示法和色标法。关于普通电感器的识别，可扫描此处二维码。

微课 1-11
普通电感器
的识别

1．直标法

直标法是指把电感器的标称电感量、允许偏差和额定电流等参数直接标注在外壳上，图 1-3-9 所示为一个 220μH 的电感器。

图 1-3-9　电感器的直标法

直标法通常用罗马数字表示允许偏差，其中，Ⅰ表示±5%，Ⅱ表示±10%，Ⅲ表示±20%。用字母表示电感器的额定电流，A、B、C、D、E 分别表示 50mA、150mA、300mA、0.7A 和 1.6A。

2．文字符号法

文字符号法采用字母或数字结合的方法来标注电感器的主要参数，这种标注方法常见于片式电感器。

文字符号法标注的电感器通常用字母"N"或"R"代替小数点的位置，表示的单位分别是 nH 和 μH。图 1-3-10 所示电感器的电感量为 3.3μH。

图 1-3-10　文字符号法表示的电感器

文字符号法有时用最后一位字母表示允许偏差，各字母表示的含义同表 1-1-4。

3．数码表示法

数码表示法用三位数字表示，此法与电阻器的三位数码表示法一致，也常见于片式电感器。其中第一位、第二位为有效数字位，表示电感量的有效数字，第三位表示有效数字后零的个数，电感量的单位为 μH。图 1-3-11 所示电感器的电感量为 $68 \times 10^1 \mu H = 680 \mu H$。

图 1-3-11　数码表示法表示的电感器

4．色标法

色标法是色码电感器的标注方法。色码电感器的外形与色环电阻器非常相似，但色码电感器常以绿色为底色。色码电感器通常采用四道色环标识，其读数方法及色环对照表与色环电阻器基本一致。读数的时候，第一道、第二道色环代表有效数字，第三道色环代表 10 的倍数，最后一道色环代表允许偏差，电感量的单位为 μH。色码电感器的允许偏差通常较大，代表±10%的银色环较常见。如色环标识分别为黄、紫、棕、银的色码电感器，黄色环表示有效数字的十位数字是 4，紫色环表示有效数字的个位数字是 7，棕色环表示 10^1，则该电感器的电感量为 $47×10^1μH=470μH$，其允许偏差为±10%。

二、电感器的检测

LCR 电桥测试仪可以对电感器的电感量和 Q 值等进行准确测量，带有电感挡的数字万用表也可以测量电感器的电感量。本节以普通数字万用表为例，说明如何对电感器进行粗略的检测和判断。

1．电感器的检测

首先对电感器的外观进行检查，查看线圈引脚是否断裂，表面是否有烧焦、破损等痕迹，如有以上情况，则表明电感器已损坏。对于有磁芯的电感器，可以检查磁芯是否松动、断裂；对于磁芯可调的电感器，还可以使用旋具旋转磁芯，检查磁芯旋转时是否平滑、有无卡顿等现象。

然后可以使用数字万用表检测线圈阻值。使用欧姆挡检测电感器时，应置于最低挡，如图 1-3-12 所示。小型电感器的线圈阻值通常很小，一般在零点几至几欧姆之间。对于匝数较大的电感器或大型电感器，其直流电阻可达几十至几百欧姆。如果测得的阻值为无穷大，则说明电感器存在断路故障；如果测得的阻值不稳定，则说明电感器的引出线接触不良。还可以使用蜂鸣挡对小型电感器进行快速检测，检测时蜂鸣器应鸣响，提示线圈通路。

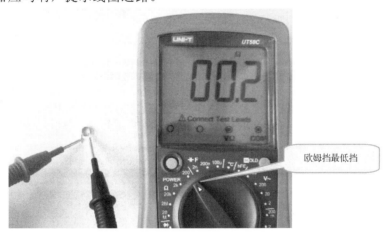

图 1-3-12　使用数字万用表的欧姆挡检测电感器

对于有抽头的线圈，抽头到其他引脚的直流电阻均应很小，且线圈各段电阻值之和约等于线圈整体电阻值。如图 1-3-13 所示，抽头分别与左端引脚之间、与右端引脚之间的阻值之和约等于左右两端引脚之间的阻值。若线圈各段阻值中有一个很大，则说明线圈存在断路故障。

（a）抽头与左端引脚之间的阻值　　　（b）抽头与右端引脚之间的阻值　　　（c）左右两端引脚之间的阻值

图 1-3-13　使用数字万用表的欧姆挡检测有抽头的线圈

对于有铁芯或金属屏蔽罩的电感器，则可以使用数字万用表欧姆挡的最高挡检测线圈各引出端与铁芯或屏蔽罩壳体之间的绝缘情况。通常阻值应为兆欧级以上或提示超量程，否则说明电感器的绝缘性能不良。

2．变压器的检测

本节以中周为例说明变压器的检测方法。关于微调电感器与中周的检测，可扫描此处二维码。

微课 1-12
微调电感器
与中周的
检测

首先对中周的外观进行检查，查看引脚是否断裂，表面是否有烧焦、破损等痕迹，如有以上情况，则表明中周已损坏。使用旋具轻轻旋转中周的磁帽，检查磁芯旋转时是否平滑、有无卡顿等现象。

然后使用数字万用表检测中周的绝缘性能。将数字万用表调至欧姆挡的最高挡，如图 1-3-14 所示，依次测量以下几组电阻值：初级线圈（通常是三个引脚一侧）任一引脚与次级线圈任一引脚之间的绝缘电阻、初级线圈各引脚与金属外壳之间的绝缘电阻、次级线圈各引脚与金属外壳之间的绝缘电阻。正常情况下，这些阻值都应很大，通常显示超量程，如果为零或有一定数值，则说明中周存在短路性故障或漏电性故障。

（a）测量初、次级线圈之间　　　（b）测量初级线圈与金属外壳之间　　　（c）测量次级线圈与金属外壳之间
　　　的绝缘电阻　　　　　　　　　　　的绝缘电阻　　　　　　　　　　　　的绝缘电阻

图 1-3-14　中周绝缘性能的检测

接下来分别检测中周的初级线圈与次级线圈的直流电阻值。将数字万用表挡位调至电阻挡的最低挡，如图 1-3-15 所示，用红、黑表笔分别接触初级线圈外围的两个引脚，可以测得初级线圈的阻值；用红、黑表笔分别接触次级线圈的两个引脚，可以测得次级线圈的阻值。正常情况下，中周的初级线圈与次级线圈都应有较小的阻值，通常为零点几至几欧姆，且次级线圈阻值小于初级线圈阻值。如果某一阻值很大，则说明中周的线圈或引出端已经断路损坏。

（a）测量初级线圈的阻值　　　　　　　　　　　　　（b）测量次级线圈的阻值

图 1-3-15　中周的初级线圈与次级线圈直流电阻值的测量

有的中周只有初级线圈，没有次级线圈，检测这类中周的次级线圈阻值时，将显示超量程。此时应查看元器件手册或电路原理图，判断该中周是否具有次级线圈，再判断其好坏。

【任务评价】

电感器的识别与检测任务评价表如表 1-3-3 所示。

表 1-3-3　电感器的识别与检测任务评价表

考核项目	考核内容	分值	评价标准	得分
工程素养	1. 安全意识	4	注意用电安全，有良好的安全意识	
	2. 实践纪律	4	认真完成实验，不喧哗打闹	
	3. 仪器设备	4	爱惜实验室仪器设备	
	4. 场地维护	4	能保持场地整洁，实验完成后仪器物品摆放合理有序	
	5. 节约意识	4	节约耗材，实验结束后关闭仪器设备及照明电源	
电感器的识别	识读固定电感器的标识参数	25	能正确识读电感器的类型、标称电感量和允许偏差，每只 5 分	
电感器的检测	使用数字万用表检测电感器并判断电感器的好坏	25	能正确选择数字万用表的挡位，操作方法正确，判断结果准确，每只 5 分	
变压器的检测	使用数字万用表检测变压器并判断变压器的好坏	30	能正确选择数字万用表的挡位，操作方法正确，判断结果准确，每只 6 分	

复　习　题

1．单选题：四环电阻器 R1 的颜色分别为棕黑黄金，电阻器 R1 的阻值和允许偏差分别为（　　）。

　　A．10kΩ，±5%　B．100kΩ，±5%　　C．1kΩ，±1%　D．100Ω，±1%

2．单选题：四环电阻器 R2 的颜色分别为绿蓝棕金，电阻器 R2 的阻值和允许偏差分别为（　　）。

　　A．560Ω，±5%　B．56kΩ，±10%　　C．5.6Ω，±10%　D．5.6kΩ，±5%

3．单选题：五环电阻器的色环序列为黄紫黑橙棕，其读数为（　　）。

　　A．47kΩ±5%　　B．470kΩ±1%　　　C．470kΩ±5%　D．47kΩ±1%

4．单选题：五环电阻器 R1 的色环序列为蓝灰黑金棕，电阻器 R1 的阻值和允许偏差分别是（　　）。

　　A．58Ω，±1%　B．6.8kΩ，±5%　　C．68Ω，±1%　D．690Ω，±5%

5．单选题：通常情况下，同类型电阻器的体积越小，则它的额定功率越（　　）。

　　A．不变　　　　B．无法确定　　　C．大　　　　　D．小

6．单选题：片式电阻器 R2 上标注"162"，R2 的阻值是（　　）。

　　A．160Ω　　　　B．1.6kΩ　　　　C．162Ω　　　　D．16kΩ

7．单选题：下图中所示是（　　）。

　　A．电解电容器　　B．可变电容器　C．电位器　　　　D．瓷片电容器

8．单选题：用 3 位半手持式数字万用表测量一可调电阻器的当前阻值，挡位开关在欧姆区的 2k 挡，显示为 0.473，说明当前阻值是（　　）。

　　A．0.473×2Ω，即 0.946Ω　　　　　　B．0.473Ω

　　C．473Ω　　　　　　　　　　　　　D．473kΩ

9．多选题：关于电阻器的检测，以下说法错误的是（　　）。

　　A．测量电阻器的阻值时，应选择比标称阻值高且最接近标称阻值的量程

　　B．如果标称阻值未知，则应该先选择最低量程

　　C．测量时，为了避免接触不良，可用手将数字万用表表针与电阻器引脚捏紧进行测量

D．在路检测时，如果测量值小于标称阻值，说明电阻器有短路故障

10．选择题：使用数字万用表检测如图所示的电阻器时，应选择（　　　　）。

色环依次为：红、红、红、金

A．电阻 200Ω 挡 　　　　　　　　　　　B．电阻 2k 挡

C．电阻 20k 挡 　　　　　　　　　　　　D．蜂鸣挡

11．判断题：在电阻的选型中，只需要考虑电阻值和精度。（　　　　）

12．判断题：电位器是一种固定电阻器。（　　　　）

13．判断题：电子元器件在检测时只要功能正常即可，外观无关紧要。（　　　　）

14．单选题：瓷片电容器 C1 上标注 181，C1 的容值是（　　　　）。

A．18pF　　　　B．180nF　　　　　　C．181pF　　　　D．180pF

15．单选题：瓷片电容器 C2 上标注 1，C2 的容值是（　　　　）。

A．1pF　　　　　B．1nF　　　　　　　C．1μF　　　　　D．1F

16．单选题：瓷片电容器 C 上标注 3n9，C 的容值是（　　　　）。

A．39pF　　　　B．39nF　　　　　　　C．3.9nF　　　　D．3.9pF

17．单选题：电解电容器标注的电容量为 10μF，后面标有 16V，表示（　　　　）。

A．电容器在电路中的工作电压必须为 16V

B．电容器在电路中的工作电压最大为 16V

C．电容器在电路中的工作电压最小为 16V

D．电容器在电路中的工作电压可以为 16V 左右的电压值

18．单选题：下图中所示是（　　　　）。

A．可变电感器 　　　　　　　　　　　B．四联电容器

C．中周 　　　　　　　　　　　　　　D．电位器

19．多选题：关于电解电容器的正、负极性，以下说法正确的是（　　　　）。

A．长脚为正，短脚为负 　　　　　　　B．短脚为正，长脚为负

C．白色标记线为正 　　　　　　　　　D．白色标记线为负

20．多选题：下列说法错误的是（　　　　）。

A．1μF=1000nF 　　　　　　　　　　B．电解电容器没有极性

C．交流电流不可以通过电容器 　　　　D．电容器的绝缘电阻越大，漏电越大

21．多选题：使用数字万用表检测电容器时，以下说法错误的是（　　　）。

　　A．可以使用电阻挡检测电解电容器的充电过程

　　B．可以使用电阻挡检测瓷介电容器的充电过程

　　C．使用电阻挡检测电解电容器时，红表笔接正极，黑表笔接负极

　　D．测量容量值较小的电容器时，应选用低阻挡

22．使用数字万用表检测一个 $47\mu F$ 的电解电容器时，可以选择的挡位有（　　　）。

　　A．电容 200nF 挡　　　　　　　　　B．电容 200μF 挡

　　C．电阻 200Ω 挡　　　　　　　　　D．电阻 20k 挡

23．判断题：无机介质电容器包括瓷介电容器、云母电容器、纸介电容器等。
（　　　）

24．判断题：电容器上所标注的电容值就是该电容器的实际电容。（　　　）

25．单选题：下图中所示是（　　　）。

　　A．绕线电阻器　　　B．色码电感器　　　C．色环电阻器　　　　D．空芯线圈

26．单选题：色码电感 L1 的颜色分别为绿蓝银银，L1 的电感值和允许偏差是
（　　　）。

　　A．0.56μH，±10%　　　　　　　　B．67μH，±10%

　　C．560μH，±5%　　　　　　　　　D．6.7μH，±5%

27．单选题：使用数字万用表检测电感器时，应选用（　　　）。

　　A．电阻最高挡　　　　　　　　　　B．电阻最低挡

　　C．电阻任意挡　　　　　　　　　　D．二极管挡

项目二 半导体器件和其他元器件的识别与检测

 项目概述

半导体器件是导电能力介于良导电体与绝缘体之间，利用半导体材料的特殊电特性来完成特定功能的电子器件，可用来产生、控制、接收、变换、放大信号和进行能量转换，在各类电子产品中起着至关重要的作用。除了电抗元件与半导体器件，常见的电子元器件还包括电声器件、谐振元件、开关、连接器等。

本项目由三个任务构成，包括半导体分立器件的识别与检测、集成电路的识别与检测及其他元器件的识别与检测。通过本项目的学习，学生可以了解常见半导体器件的相关参数与种类，掌握相关半导体器件及开关、连接器等其他元器件的识别与检测方法，为后续的项目实践打下良好的基础。

 立德培志

自强"中国芯"

集成电路作为信息产业的基础与核心，被誉为"现代工业的粮食"，在电子设备、通信、军事等方面得到广泛应用，对经济建设、社会发展和国家安全具有重要的战略意义。1965年，我国第一块集成电路诞生于北京电子管厂。经过改革开放以来40多年的发展，我国集成电路市场和产业规模都实现了快速增长。2014年，我国集成电路市场规模首次突破万亿元大关，约占全球市场份额的50%。我国系统级芯片设计能力正在逐步向着国际先进水平迈进，集成电路封装技术接近国际先进水平。2020年，华为推出的麒麟9000处理器是全球首款5nm工艺的处理器，拥有153亿个晶体管。近年来，具备国际竞争力的骨干企业不断涌现。2020年，海思半导体进入全球芯片设计企业前十名；中芯国际成为全球第五大芯片制造企业；长电科技成为全球排名第三的芯片封测企业。然而，我国的集成电路产业相对国际先进水平仍然存在一定差距，还不足以支撑国民经济和社会发展，以及国家信息安全、国防安全建设。科技强国是中华儿女共同的梦想，中国电子信息产业的发展有待每一位电子人锐意进取，勇往直前，创新突破。

半导体分立器件的识别与检测

【任务要求】

1. 了解半导体分立器件的相关参数及分类方法。

2. 掌握常见半导体分立器件的识别方法。

3. 掌握常见半导体分立器件的检测方法。

【任务内容】

1. 从提供的各种二极管中直观识别二极管的类型，并将识别结果填写在表2-1-1中。

2. 从提供的各种三极管中直观识别三极管的类型，并将识别结果填写在表2-1-2中。

3. 使用数字万用表对提供的二极管进行检测，判断其好坏，并将结果填写在表2-1-3中。

4. 使用数字万用表对提供的发光二极管进行检测，判断其好坏，并将结果填写在表2-1-4中。

5. 使用数字万用表对提供的三极管进行检测，判断其好坏，并将检测结果填写在表2-1-5中。

表 2-1-1　二极管识别记录表

序号	二极管型号	二极管类型	二极管的材料（硅或锗）	二极管用途

表 2-1-2　三极管识别记录表

序号	三极管型号	三极管类型	三极管的材料（硅或锗）	三极管引脚排列方式

表 2-1-3　二极管检测记录表

序号	二极管型号	数字万用表挡位	正向压降	反向压降	二极管的材料（硅或锗）	好坏判断（完好/损坏）

表 2-1-4　发光二极管检测记录表

序号	发光二极管类型（颜色）	数字万用表挡位	正向压降	反向压降	是否发光	好坏判断（完好/损坏）

表 2-1-5　三极管检测记录表

序号	三极管型号	数字万用表挡位	引脚排列方式	三极管类型	三极管的材料（硅或锗）	直流放大倍数

【知识准备】

半导体是一种导电能力介于导体和绝缘体之间的物质，硅和锗是半导体材料中最重要的两种元素。半导体材料按其导电特点的不同，可以分为 P 型半导体和 N 型半导体两种。将 P 型半导体和 N 型半导体紧密结合，在其交界面上会形成一层很薄的区域，称为 PN 结。PN 结具有单向导电性，是构成半导体器件的基础单元。半导体分立器件由单个或多个 PN 结构成，可以分为二极管、三极管和半导体特殊器件。半导体分立器件是电子电路的基础元器件，是各类电子产品电路中不可或缺的重要组件。半导体分立器件可以对电路起到整流、稳压、混频和开关等作用，在消费电子、汽车电子、网络通信、计算机及周边设备、LED 显示屏等领域均有广泛的应用。

一、二极管的主要技术参数

二极管是结构最简单的一种半导体分立器件，由一个 PN 结构成。二极管 P 极引出的引脚为正极，N 极引出的引脚为负极。由于 PN 结具有单向导电性，因此电流只能从 P 极流向 N 极，也就是从正极流向负极。关于二极管简介，可扫描此处二维码。二极管的主要技术参数如下。

微课 2-1
二极管简介

1．额定正向工作电流

额定正向工作电流是指在二极管长时间正常工作情况下，允许通过二极管的最大正向电流值。如果二极管的工作电流超过额定正向工作电流，将因 PN 结过热而导致二极管烧毁。

2．反向击穿电压

在二极管上加反向电压时，反向电流会很小。当反向电压增大到某一数值时，反向电流将突然增大，这一现象称为击穿，此时，二极管失去了单向导电性，这一电压值称为反向击穿电压。

3．最大反向工作电压

最大反向工作电压是指二极管正常工作时所能承受的最大反向电压值。最大反向工作电压一般为反向击穿电压的一半。二极管在使用中，实际的反向电压不能大于最大反向工作电压。

4．反向电流

反向电流又称为反向漏电流，是指二极管在规定的温度和最大反向工作电压的作用下，通过二极管的反向电流值。反向电流越小，二极管的单向导电性能越好。锗管的反向电流是硅管的几十到几百倍，因此硅管的稳定性比锗管好。

5．最高工作频率

受材料、结构和制造工艺的影响，在工作频率超过一定值后，二极管将失去良好的工作特性。二极管保持良好工作特性的最高频率，称为二极管的最高工作频率。

二、二极管的分类

二极管的规格和品种有很多，分类方法有多种。

按照所用的半导体材料的不同，可划分为硅二极管、锗二极管、砷化镓二极管等。

按照外壳封装材料的不同，可划分为塑料封装二极管、金属封装二极管和玻璃封装二极管。大量使用的二极管通常采用塑料封装，大功率整流二极管通常采用金属封装，检波二极管通常采用玻璃封装。

按照用途和功能的不同，可划分为整流二极管、检波二极管、稳压二极管、开关二极管、变容二极管、发光二极管、肖特基二极管、光敏二极管等。

常见的二极管有以下几种。

1．整流二极管

整流二极管利用 PN 结的单向导电性，将交流电变为脉动直流电。以工作电流的大小（100mA）作为界线，通常把输出值大于 100mA 的电流称为整流电流。整流二极管如图 2-1-1 所示。

图 2-1-1　整流二极管

2．检波二极管

检波二极管利用其单向导电性将高频或中频信号中加载的低频或音频信号检出来。以工作电流的大小（100mA）作为界线，通常把输出小于 100mA 的电流称为检波电流。检波二极管被广泛应用于半导体收音机、收录机、电视机及通信设备中，其工作频率高，处理的信号幅度较小。检波二极管如图 2-1-2 所示。

图 2-1-2　检波二极管

3．稳压二极管

稳压二极管又称齐纳二极管。稳压二极管反向击穿后，通过二极管的电流可在很大范围内变化，而其两端的电压基本保持不变，这一现象称为齐纳击穿。稳压二极管就是利用这一反向击穿特性来稳定直流电压的。因此，稳压二极管工作时是加反向电压的，它的稳压值由击穿电压决定。稳压二极管如图 2-1-3 所示。

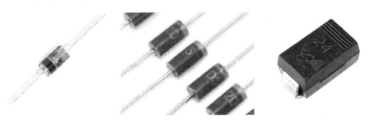

图 2-1-3　稳压二极管

4．开关二极管

半导体二极管导通时相当于开关闭合（电路接通），截止时相当于开关打开（电路切断），所以二极管可作开关用。开关二极管由导通变为截止或由截止变为导通所需的时间比一般二极管短，其反向恢复时间通常只为几纳秒。开关二极管常用型号为 1N4148，如图 2-1-4 所示。

图 2-1-4　开关二极管

5. 变容二极管

变容二极管的 PN 结电容量随反向电压的增大而减小，因此在电路中能起到可调电容的作用。变容二极管常用于频率调制或调谐电路中，通过改变变容二极管的反向电压，可使得电容值发生变化，调制输出不同频率的信号。变容二极管如图 2-1-5 所示。

图 2-1-5　变容二极管

6. 发光二极管

发光二极管也称 LED，是一种将电能转换为光能的半导体器件。发光二极管同样具有单向导电性，正向导通时才能发光。

发光二极管的种类有很多。按光谱分类，包括不可见光发光二极管和可见光发光二极管两种。不可见光发光二极管发出的是红外线；可见光发光二极管的发光颜色有红色、黄色、绿色、蓝色、橙色、白色等。按发光亮度，可以分为一般亮度发光二极管和高亮发光二极管，LED 节能灯就是由高亮发光二极管制成的。按发光效果分类，可分为单色发光二极管、变色发光二极管、闪烁发光二极管等。

常见的变色发光二极管按引脚数量，可分为二端、三端和四端变色发光二极管等。按颜色种类，可分为双色、三色和多色变色发光二极管等。

二端双色变色发光二极管是将两种发光颜色不同的二极管反向封装在一起制成的，如图 2-1-6 所示。当在发光二极管两端加上某一极性的电压时，其中一只发光二极管导通发光，另一只截止；当改变电压极性时，原来截止的发光二极管导通发光，原来发光的发光二极管截止。

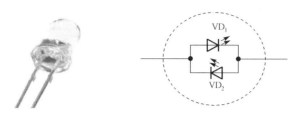

图 2-1-6　二端双色变色发光二极管及内部结构

　　三端双色变色发光二极管也在一个管壳内装了两只发光二极管。它的内部有两种连接方式：共阳极形式和共阴极形式，如图 2-1-7 所示。共阳极形式中，两只发光二极管的正极连接在一起，作为公共端，公共端常接入高电平，当其中一只发光二极管的负极加上低电平时，该发光二极管发光；共阴极形式中，两只发光二极管的负极连接在一起，作为公共端，公共端常接入低电平，当其中一只发光二极管的正极加上高电平时，该发光二极管发光。

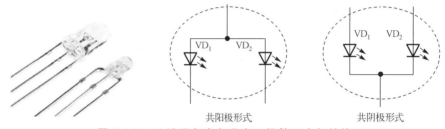

共阳极形式　　　　　　　　　共阴极形式

图 2-1-7　三端双色变色发光二极管及内部结构

　　在电路原理图中，二极管常用大写字母"D"或"VD"表示。不同种类的二极管，其电路符号略有不同。常见二极管的电路符号如图 2-1-8 所示。电路符号中箭头所指的方向就是电流流动的方向。

普通二极管　　　　　　稳压二极管　　　　　　变容二极管　　　　　　发光二极管

图 2-1-8　常见二极管的电路符号

　　关于肖特基二极管与光敏二极管的更多信息，可扫描此处二维码。

文档 2-1　肖特基二极管　　　　　　　文档 2-2　光敏二极管

三、三极管的主要技术参数

　　三极管，全称为晶体三极管，由两个"背靠背"紧密结合的 PN 结构成，有三个电极，即基极 b、集电极 c、发射极 e。关于三极管简介，可扫描此处二维码。

三极管是一种控制电流的半导体器件，可以把微弱电信号放大成幅度值较大的电信号，它是放大电路的核心，也可作无触点开关。晶体管的发明是 20 世纪电子技术方面最伟大的发明之一，它推动了信息革命，带动了产业革命，改变了人类社会的工作方式和生活方式，奠定了现代文明社会的基础。相关内容可扫描此处二维码。

微课 2-2　三极管简介

文档 2-3
晶体管的发明

三极管的主要技术参数包括如下几项。

1．电流放大系数 β

电流放大系数用来表示三极管的电流放大能力。根据三极管工作状态的不同，电流放大系数又分为直流放大系数和交流放大系数。

直流放大系数又称静态电流放大系数或直流放大倍数，是指在静态直流信号输入时，三极管集电极电流 I_c 与基极电流 I_b 的比值，一般用 h_{FE} 或 $\overline{\beta}$ 表示。

交流放大系数又称动态电流放大系数或交流放大倍数，是指在交流状态下，三极管集电极电流变化量 ΔI_c 与基极电流变化量 ΔI_b 的比值，一般用 h_{fe} 或 β 表示。

2．耗散功率 P_{CM}

耗散功率也称集电极最大允许耗散功率，是指当三极管因受热而引起的参数变化不超过规定允许值时，集电极所消耗的最大功率。选用三极管时，其实际功耗不能超过耗散功率，否则会造成三极管因过载而损坏。

3．集电极最大允许电流 I_{CM}

当三极管的集电极电流增大时，电流放大系数 β 会减小。当 β 减小到正常值的 2/3 时所对应的集电极电流称为集电极最大允许电流 I_{CM}。当集电极电流超过 I_{CM} 时，将由于 β 的减小影响其正常工作，甚至损坏三极管。

4．最大反向电压

最大反向电压是指三极管工作时所允许施加的最高电压值，它包括以下三个参数。

集电极-发射极反向击穿电压 U_{CEO}，指当三极管基极开路时，集电极与发射极之间的最大允许反向电压。

集电极-基极反向击穿电压 U_{CBO}，指当三极管发射极开路时，集电极与基极之间的最大允许反向电压。

发射极-基极反向击穿电压 U_{EBO}，指当三极管集电极开路时，发射极与基极之间的最大允许反向电压。

5．频率特性

三极管的电流放大系数与工作频率有关，如果三极管的工作频率超过了工作频率范围，会造成放大能力降低，甚至失去放大能力。

6．反向截止电流

三极管的反向截止电流包括集电极-基极之间的反向电流 I_{CBO} 和集电极-发射极之间的反向电流 I_{CEO}。反向截止电流越小，说明三极管的性能越好。

四、三极管的分类

三极管的种类比较多。

按照制造材料来分，有硅管和锗管两种。硅管的热稳定性比锗管好，是比较常用的三极管，锗管的使用量比硅管小。

按照三极管的内部结构来分，有 NPN 型和 PNP 型，其结构与电路符号如图 2-1-9 所示。其中发射结的箭头方向表示三极管工作在放大状态时实际的电流方向。在电路原理图中，三极管通常用大写字母"Q""V""VT"表示。

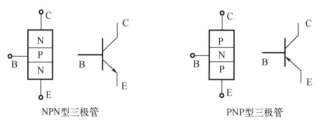

图 2-1-9　NPN 型三极管和 PNP 型三极管的结构与电路符号

按照允许耗散的功率来分，有小功率管、中功率管、大功率管。

按照工作频率来分，有低频管和高频管。

按照用途和功能来分，有开关管、功率管、达林顿管、光敏三极管等。

关于达林顿管与光敏三极管的更多信息，可扫描此处二维码。

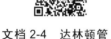

文档 2-4　达林顿管　　　　　文档 2-5　光敏三极管

按照封装材料和形式来分，有塑料封装三极管、金属封装三极管、玻璃封装（简称玻封）三极管、表面贴装（片式）三极管和陶瓷封装三极管等。目前用得最多的是塑料封装三极管，其次为金属封装三极管。

常见三极管的外形如图 2-1-10 所示。

金属封装大功率三极管

塑料封装大功率三极管

塑料封装小功率三极管

金属封装小功率三极管

达林顿三极管

表面贴装三极管

图 2-1-10　常见三极管的外形

五、半导体分立器件的型号命名

半导体分立器件的型号众多，型号命名方法也有多种。

我国半导体分立器件的型号命名方法如表 2-1-6 所示。

常见的半导体分立器件的型号命名方法还有欧洲、日本、美国等不同命名方法。

关于欧洲、日本、美国的半导体分立器件的型号命名方法，可扫描此处二维码。

文档 2-6
欧洲、日本、
美国的半导体
分立器件的型
号命名方法

表 2-1-6　我国半导体分立器件的型号命名方法

第一部分		第二部分		第三部分				第四部分	第五部分
用数字表示器件的电极数目		用字母表示器件的材料和极性		用字母表示器件的类型				用数字表示器件的序号	用字母表示规格号
符号	意义	符号	意义	符号	意义	符号	意义		
2	二极管	A B C D E	N 型，锗材料 P 型，锗材料 N 型，硅材料 P 型，硅材料 化合物或合金材料	P H V W C	普通管 混频管 检波管 电压调整管和电压基准管 变容管	X G D A T	低频小功率管 高频小功率管 低频大功率管 高频大功率管 闸流管		
3	三极管	A B C D E	PNP 型，锗材料 NPN 型，锗材料 PNP 型，硅材料 NPN 型，硅材料 化合物或合金材料	Z L S K N F	整流管 整流堆 隧道管 开关管 噪声管 限幅管	Y B J	体效应管 雪崩管 阶跃恢复管		

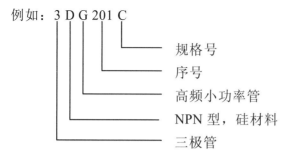

例如：3 D G 201 C

规格号

序号

高频小功率管

NPN 型，硅材料

三极管

注：场效应器件、半导体特殊器件、复合管、PNP 管和激光器件的型号命名只有第三、四、五部分。

【实施方法】

一、二极管的识别

1. 普通二极管的极性识别

通过观察二极管的外形和引脚极性标记，能够直接分辨出二极管两个引脚的正、负极性。关于二极管的识别与检测，可扫描此处二维码。

微课 2-3
二极管的识别与检测

小功率二极管通常用一条色环表示负极。如图 2-1-11 所示，塑料封装二极管通常用一条灰色环表示负极，玻璃封装二极管通常用一条深色环表示负极。

+   −   +   −

图 2-1-11　普通二极管常见的极性标注

大功率金属封装二极管的螺母部分通常表示负极，如图 2-1-12 所示。

+   −

图 2-1-12　大功率金属封装二极管的极性标注

2. 发光二极管的极性识别

发光二极管通常用引脚的长短来标识正、负极，长脚为正，短脚为负，如图 2-1-13 所示。还可以通过观察发光二极管内部的电极大小来区分正、负极。电极较小的一侧为正极，电极较大的一侧为负极。

3. 片式二极管的极性识别

塑料封装的片式二极管通常用一条灰杠表示负极，玻璃封装的片式二极管通常用深色环表示负极。常见片式二极管的极性标注如图 2-1-14 所示。

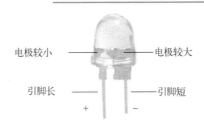

图 2-1-13　发光二极管的极性标注

图 2-1-14　常见片式二极管的极性标注

　　片式发光二极管通常在底部标注"T"形、三角形或钻石形符号。"T"形符号的竖线一边为负极，三角形或钻石形符号的尖头一边为负极。有的片式发光二极管底部没有标识，而是在正面某一角有一个缺口，有缺口的一侧为负极。常见片式发光二极管的极性标注如图 2-1-15 所示。

图 2-1-15　片式发光二极管的极性标注

二、二极管的检测

1．普通二极管的检测

　　如图 2-1-16 所示，将数字万用表置于二极管挡（通常标有"➤｜"符号）。红表笔插入标有"Ω"或"➤｜"的插孔中，黑表笔插入"COM"插孔中。两支表笔分别接触二极管的两极，如果显示溢出符号"1"，说明二极管处于截止状态，此时黑表笔接触的是二极管的正极，红表笔接触的是二极管的负极。反之，如果显示数值（该数值为二极管两端的正向压降，通常为 100～700mV），说明此时红表笔接触的是二极管的正极，黑表笔接触的是二极管的负极。一般锗管的正向压降为 100～300mV，硅管的正向压降为 500～700mV，据此，也可以判断出二极管是由哪种材料制成的。

　　若反复交换表笔做正、反向测试，读数均为 0 或者接近 0，且蜂鸣器鸣响，则说明该被测二极管已经短路损坏；若正、反向测试的读数均为"1"，则说明该被测二极管已经断路损坏；若反向测试时液晶屏上显示不是"1"的其他读数，则说明被测二极管存在反向漏电。

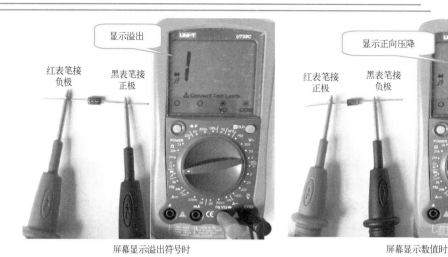

图 2-1-16　使用数字万用表的二极管挡检测普通二极管

2．发光二极管的检测

如图 2-1-17 所示，可以使用数字万用表的二极管挡检测发光二极管。用红表笔接触发光二极管的正极（长脚），黑表笔接触发光二极管的负极（短脚），此时发光二极管会发出微光，且数字万用表上会显示被测发光二极管的正向压降。蓝色发光二极管、白色发光二极管、紫色发光二极管的正向压降值较大，使用数字万用表的二极管挡检测时，将显示溢出符号。

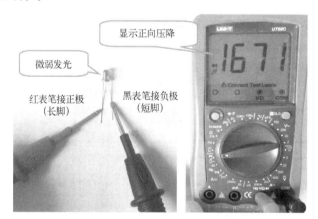

图 2-1-17　使用数字万用表的二极管挡检测发光二极管

关于稳压二极管的检测，可扫描此处二维码。

文档 2-7
稳压二极管的
检测

三、三极管的识别

三极管的引脚排列根据品种、型号及功能的不同而不同，可以根据三极管的型号在互联网上搜索查阅该型号的产品说明资料（datasheet），找到其引脚极性示意图。

如图 2-1-18 所示，在型号为 2SC2053 的三极管的说明资料中，标有其引脚极性。

三极管的引脚排列具有一定规律。对于大部分小功率塑料封装三极管，使其印有型号标识的平面朝向自己，三个引脚朝下放置，则从左向右依次为 e、b、c，如图 2-1-19 所示。

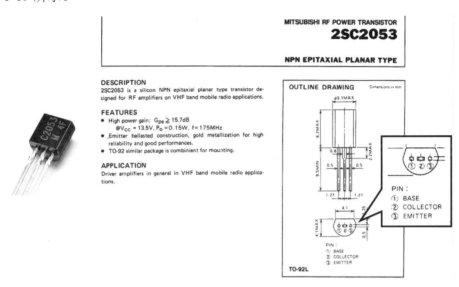

图 2-1-18　根据三极管的型号查阅说明资料并识别引脚

图 2-1-19　小功率塑料封装三极管的引脚识别

有部分小功率塑料封装三极管，如 2SC945、2SC1923、2SC1906 等，其引脚排列则有所不同，按照以上放置方法，从左向右依次为 e、c、b。

对于大功率塑料封装三极管，使其印有型号标识的平面朝向自己，三个引脚朝下放置，则从左向右通常依次为 b、c、e，如图 2-1-20 所示。

图 2-1-20　大功率塑料封装三极管的引脚识别

对于国产小功率金属封装三极管，按底视图位置放置，使其三个引脚构成的等腰三角形的顶点向上，从左向右依次为 e、b、c；有管键的三极管，从管键处按顺时针方向依次为 e、b、c，如图 2-1-21 所示。

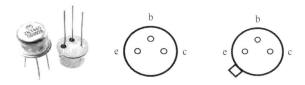

图 2-1-21　小功率金属封装三极管的引脚识别

对于大功率金属封装三极管，按底视图位置放置，将金属外壳上距离两个引脚较近的孔朝上，此时两个引脚从左至右依次为 b 和 e，金属外壳是 c 极，如图 2-1-22 所示。

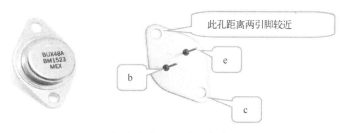

图 2-1-22　大功率金属封装三极管的引脚识别

片式三极管有的有三个电极，有的有四个电极，如图 2-1-23 所示。一般三个电极的片式三极管，一个引脚的一侧为 c，两个引脚的一侧分别为 b 和 e。四个电极的片式三极管，通常一侧有三个引脚，另一侧有一个较大的引脚，底部有散热片。三个引脚的一侧分别为 b、c、e，另一侧较大的引脚通过底部的散热片与三个引脚一侧的 c 极相连，因此这个较大的引脚也是 c 极。

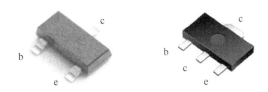

图 2-1-23　片式三极管的引脚识别

四、三极管的检测

三极管的检测，可扫描此处二维码。

微课 2-4
三极管的检测

1. 三极管管型和引脚的判断

判断基极 b：将数字万用表置于二极管挡，将红表笔插入"Ω"或" ▶︎ "插孔中，将黑表笔插入"COM"插孔中。先用红表笔和黑表笔测量三极管的两个引脚，如果有读数（通常为 500～800mV），则这两个引脚中有一个是基极。然后松开一支表笔并用该表笔去测量剩余的另一个引脚，如果有读数，那么这两次测量中没有更换的表笔所接触的引脚就是基极。如图 2-1-24 所示，两次测量都有读数，中间位置的引脚没有更换表笔（都是红表笔），因此中间的引脚就是基极。如果测量另一个引脚时没有读数，那么就交换一次表笔重复以上步骤，直至找出基极。

判断管型：找到基极 b 后，如果此时是黑表笔接触在基极上，该三极管就是 PNP 型三极管；如果是红表笔接触在基极上，该三极管就是 NPN 型三极管。如图 2-1-24 所示，基极上的表笔是红表笔，因此该三极管是 NPN 型三极管。

判断集电极 c 与发射极 e：基极 b 找到后，分别测量基极到另外两个引脚的正向压降。这两个测量值大小不一：测得值偏大时，基极以外的那个引脚就是发射极；测得值偏小时，基极以外的那个引脚就是集电极。如图 2-1-24 所示，基极到左侧引脚的正向压降较大，到右侧引脚的正向压降较小，因此左侧引脚是发射极，右侧引脚是集电极。

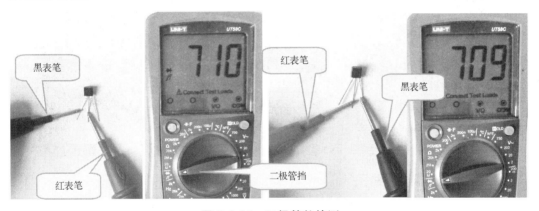

图 2-1-24　三极管的检测

三极管材质的判断：如果测量基极与另外两个电极的正向压降时，显示的数值为 600～800mV，则该三极管为中小功率硅管；如果显示的数值为 400～600mV，则该三极管为大功率硅管；如果显示的数值小于 400mV，则该三极管为锗管。如图 2-1-24 所示，两个正向压降均为 600～800mV，因此该三极管是中小功率硅管。

 思考与探究

请结合"模拟电路"课程中三极管的知识，思考以下问题：

1. 在判断三极管基极时，为什么两次测量都有读数时，没有更换表笔的引脚就是基极？

2. 判断管型时，为什么基极上是红表笔时，该三极管是 NPN 型三极管？为什么基极上是黑表笔时，是 PNP 型三极管？

3．判断集电极和发射极时，为什么测得值偏大的引脚为发射极而测得值偏小的引脚为集电极？

探究指引可扫描此处二维码。

文档 2-8
探究指引：使用数字万用表的二极管挡判断三极管引脚的原理

2．三极管直流放大倍数的测量

可以使用带有 h_{FE} 挡的数字万用表检测三极管的直流放大倍数。如图 2-1-25 所示，将数字万用表置于 h_{FE} 挡，将转换插座按照说明书中要求的方向插入对应的插孔。将三极管的 e、b、c 分别插入转换插座上标明的插孔。注意，NPN 型三极管与 PNP 型三极管的插孔位置不同。此时，数字万用表上将显示该三极管的直流放大倍数。

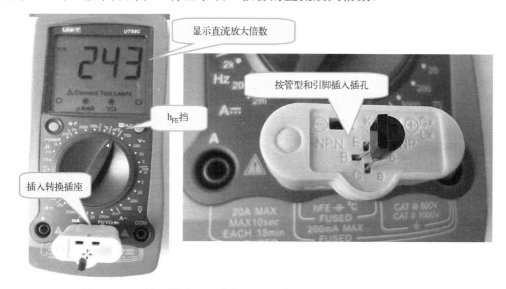

图 2-1-25　使用数字万用表的 h_{FE} 挡检测三极管的直流放大倍数

【任务评价】

半导体分立器件的识别与检测任务评价表如表 2-1-7 所示。

表 2-1-7　半导体分立器件的识别与检测任务评价表

考核项目	考核内容	分值	评价标准	得分
工程素养	1．安全意识	4	注意用电安全，有良好的安全意识	
	2．实践纪律	4	认真完成实验，不喧哗打闹	
	3．仪器设备	4	爱惜实验室仪器设备	
	4．场地维护	4	能保持场地整洁，实验完成后仪器物品摆放合理有序	
	5．节约意识	4	节约耗材，实验结束后关闭仪器设备及照明电源	
二极管的识别	识读二极管的型号、类型、材料和用途	15	能正确识读二极管的型号、类型、材料和用途，每只 3 分	

考核项目	考核内容	分值	评价标准	得分
三极管的识别	识读三极管的型号、类型、材料和引脚排列方式	15	能正确识读三极管的型号、类型、材料和引脚排列方式，每只3分	
普通二极管的检测	使用数字万用表检测普通二极管的正、反向压降并判断二极管的类型及好坏	15	能正确选择数字万用表的挡位，操作方法正确，检测与判断结果准确，每只5分	
发光二极管的检测	使用数字万用表检测发光二极管的正、反向压降及发光情况并判断发光二极管的好坏	15	能正确选择数字万用表的挡位，操作方法正确，检测与判断结果准确，每只5分	
三极管的检测	使用数字万用表检测三极管的引脚排列方式，判断三极管的类型和材料并检测三极管的直流放大倍数	20	能正确选择数字万用表的挡位，操作方法正确，检测与判断结果准确，每只5分	

集成电路的识别与检测

 【任务要求】

1. 了解集成电路的分类方法。
2. 掌握常见集成电路的封装及引脚识别方法。
3. 掌握常见集成电路的检测方法。

 【任务内容】

1. 从提供的各种集成电路中直观识别集成电路的类型、型号、封装形式及引脚分布，并将识别结果填写在表 2-2-1 中。

2. 使用数字万用表对提供的电路中的音频功率放大芯片 TBA820M 的各引脚对地正、反向电阻进行在路测量，与参考值进行比较，并将测量结果填写在表 2-2-2 中。

3. 使用数字万用表对提供的电路中的音频功率放大芯片 TBA820M 的各引脚电压进行在路测量，与参考值进行比较，并将测量结果填写在表 2-2-3 中。

表 2-2-1　集成电路识别记录表

序号	集成电路型号	集成电路类型	集成电路封装形式	集成电路引脚分布方式

表 2-2-2　TBA820M 对地正、反向电阻测量记录表

运放引脚号	1	2	3	4	5	6	7	8
参考正向电阻/Ω	16.5M	1.46M	99k	0	155k	8k	8k	13.1k
实测正向电阻/Ω								
参考反向电阻/Ω	1.58M	1.11M	99k	0	120k	8k	8k	13.1k
实测反向电阻/Ω								

表 2-2-3 TBA820M 引脚电压测量记录表

数字万用表挡位	运放引脚号	1	2	3	4	5	6	7	8
	参考电压/V	0.7	0.5	0	0	4	5.6	8	5.5
	实测电压/V								

 【知识准备】

集成电路即 IC（Integrated Circuit），是利用半导体工艺将电阻器、电容器、晶体管及连线制作在很小的半导体材料或绝缘基板上，并封装在特制的外壳中而制成的完整的具有一定功能的电路。集成电路具有体积小、质量轻、性能可靠等特点，被广泛应用于各个领域。

集成电路的诞生为电子技术的发展带来了革命性的变化，更多内容可扫描此处二维码。

文档 2-9
集成电路的
诞生

一、集成电路的分类

集成电路种类繁多，分类方式也多种多样。关于集成电路简介，可扫描此处二维码。

微课 2-5
集成电路简介

1. 按照功能、结构分类

集成电路按功能、结构的不同，可以分为模拟集成电路、数字集成电路和数模混合集成电路三大类。模拟集成电路用来产生、放大和处理各种模拟信号，如运算放大器、功率放大器、集成稳压电路等；而数字集成电路用来产生、放大和处理各种数字信号，如手机、数码相机、计算机的逻辑控制集成电路等。

2. 按制作工艺分类

集成电路按制作工艺的不同，可分为半导体集成电路、膜集成电路和混合集成电路。半导体集成电路是采用半导体工艺，在硅基片上制作的包括电阻器、电容器、晶体管等元器件并具有某种功能的集成电路。膜集成电路是在玻璃或者陶瓷片等绝缘体上，以"膜"的形式制作电阻器、电容器等无源元件的集成电路。无源元件的数值范围可以很大，精度可以很高。根据膜的厚薄不同，膜集成电路又可以分为厚膜集成电路和薄膜集成电路。目前的技术水平尚无法用"膜"的形式制作晶体二极管、三极管等有源器件，因而使膜集成电路的应用范围受到很大的限制。在实际应用中，多半在无源膜电路上外加半导体集成电路或二极管、三极管等分立有源器件，使之构成一个整体，这便是混合集成电路。

3. 按集成度分类

集成度是指一个硅片上含有的元器件数目。集成电路按照集成度，可分为小规模集成电路、中规模集成电路、大规模集成电路和超大规模集成电路。

4．按导电类型分类

集成电路按导电类型的不同，可分为双极型集成电路和单极型集成电路，这两种都属于数字集成电路。双极型集成电路的制作工艺复杂、功耗较高，具有代表性的集成电路有 TTL、ECL、HTL、LST-TL、STTL 等类型。单极型集成电路的制作工艺简单，功耗较低，更易于制成大规模集成电路，具有代表性的集成电路有 CMOS、NMOS、PMOS 等类型。

5．按用途分类

集成电路按用途的不同，可分为通用集成电路和专用集成电路。专用集成电路是为特定应用领域或特定电子产品专门研制的集成电路。

硅光子集成电路是一种新兴的集成电路技术，它将电子与光子结合，具有传输速度高、功耗低、集成度高等众多优势。关于硅光子技术的更多信息，可扫描此处二维码。

文档 2-10
前沿：硅光子
技术

二、集成电路的型号命名

集成电路的型号一般都在其表面印刷（或者激光刻蚀）出来。集成电路有各种型号，其命名也有一定的规律，一般是由前缀、数字或字母编号、后缀组成。前缀主要为英文字母，用来表示集成电路的生产厂家及类别；数字或字母编号表示集成电路的系列和代号；后缀一般用来表示集成电路的特性、封装形式、版本代号等。

我国集成电路的型号命名通常由五部分组成，第一、二部分为前缀，第三部分为数字和字母编号，第四、五部分为后缀。其各部分的含义见表 2-2-4。

表 2-2-4　我国集成电路的型号命名

第一部分		第二部分		第三部分	第四部分		第五部分	
用字母表示器件符合国家标准		用字母表示器件的类型			用字母表示器件的工作温度范围		用字母表示器件的封装	
符号	意义	符号	意义		符号	意义	符号	意义
		T	TTL		C	0～70℃	W	陶瓷扁平
		H	HTL	用数字和字母表示器件的系列与代号	E	−40～85℃	B	塑料扁平
		E	ECL		R	−55～85℃	F	全封闭扁平
		C	CMOS				D	陶瓷直插
C	中国制造	F	放大器				P	塑料直插
		D	音响、电视电路		M	−55～125℃	J	黑瓷双列直插
		W	稳压器				K	金属菱形
		J	接口电路				T	金属圆形

例如：型号为 CT74LS161CD 的集成电路。

绝大多数国内外厂商生产的同一种集成电路均采用基本相同的数字标号，而以不同的字头代表不同的厂商。如 NE555、LM555、SG555、μpc555 分别是由不同厂商生产的定时器电路，它们的功能、引脚排列都一致，可以相互替换。但也有个别厂商按自己的标准命名，因此在选择集成电路时，要以产品手册为准。

常见的国外厂商生产的集成电路的前缀符号，可扫描此处二维码。

文档 2-11
常见的国外厂
商生产的集成
电路的前缀
符号

【实施方法】

一、集成电路的封装与引脚识别

集成电路的封装是指安装集成电路芯片所用的外壳，起安放、固定、密封、保护芯片和提高电热性能的作用，还是沟通芯片内部世界与外部电路的桥梁。

集成电路的封装类型繁多，结构多样。根据封装材料的不同，可分为金属封装、陶瓷封装和玻璃封装三种类型；根据集成电路安装方式的不同，可分为通孔（直插式）封装和片式（表面贴装型）封装。

以下是常见的几种封装形式。

1. SIP

SIP 即单列直插式封装。这种封装的集成电路引脚只有一列，安装时侧立在电路板上进行插孔焊接。这种封装的集成电路内部电路比较简单，引脚较少，小型集成电路多采用这种封装形式，如图 2-2-1 所示。

2. DIP

DIP 即双列直插式封装。这种封装的集成电路引脚有两列，安装时在电路板上进行插孔焊接，多为长方形结构，如图 2-2-2 所示。

3. SOP

SOP 即小外形封装，属于表面贴装型封装，引脚端子从封装的两个侧面引出，呈"L"形，如图 2-2-3 所示。

图 2-2-1　SIP 封装的集成电路　　　图 2-2-2　DIP 封装的集成电路

4. SOJ

SOJ 是小外形 J 引脚封装，属于表面贴装型封装，与 SOP 不同的是其引脚端子呈"J"形，如图 2-2-4 所示。

图 2-2-3　SOP 封装的集成电路　　　图 2-2-4　SOJ 封装的集成电路

5. QFP

QFP 即方形扁平封装，属于表面贴装型封装。QFP 封装集成电路的引脚端子从封装的四个侧面引出，呈"L"形，各引脚之间的间隙很小，引脚很细，一般大规模集成电路和超大规模集成电路多采用这种封装形式，如图 2-2-5 所示。

6. PLCC

PLCC 即带引线的塑料芯片载体封装，属于表面贴装型封装。引脚端子从封装的四个侧面引出，呈"J"形，如图 2-2-6 所示。

图 2-2-5　QFP 封装的集成电路　　　图 2-2-6　PLCC 封装的集成电路

7. LCC

LCC 即无引线塑料芯片载体封装，属于表面贴装型封装。封装四侧没有引脚，而是配置了电极触点，贴装占用面积比 QFP 小，高度比 QFP 低，如图 2-2-7 所示。

图 2-2-7　LCC 封装的集成电路

8．PGA

PGA 即插针网格阵列封装。PGA 封装的芯片内外有多个方阵形的插针，每个插针沿芯片的四周间隔一定距离排列，根据引脚数目，可以围成 2～5 圈。安装时，需要将芯片插入专门的 PGA 插座，如图 2-2-8 所示。高智能数字化产品（如计算机的 CPU）常采用这种封装形式。

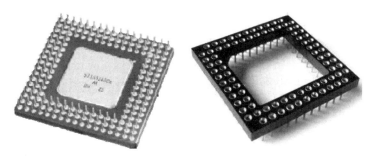

图 2-2-8　PGA 封装的集成电路与插座

9．BGA

BGA 即球栅阵列封装。与 PGA 封装的插针式引脚不同，BGA 封装的集成电路引脚为球形端子，如图 2-2-9 所示。

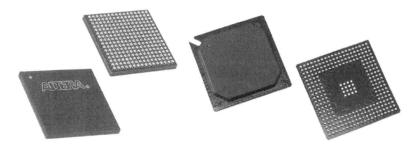

图 2-2-9　BGA 封装的集成电路

二、集成电路的引脚识别

不同封装的集成电路引脚排列具有一定的规律，以下介绍几种常见封装的引脚排列规律。

1．SIP 引脚识别方法

识别单列直插式封装的集成电路引脚时，先将集成电路引脚朝下，将印有型号标识的一面面向自己，通常在集成电路的左侧有一个特殊的标识来标明 1 号引脚的位置，可以是小圆点、小缺角、半圆缺口、半圆凹坑、一个色点等。从 1 号引脚开始，引脚号从左至右依次递增，如图 2-2-10 所示。

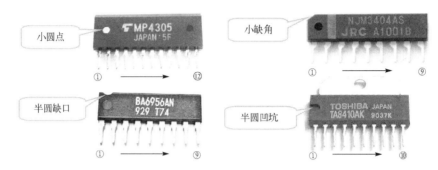

图 2-2-10　SIP 封装集成电路引脚排列

2．DIP 与 SOP 引脚识别方法

识别长方形的双列直插式封装与小外形封装的集成电路引脚时，先将集成电路水平放置，使集成电路上的型号标识字符从左至右正向摆放。有的集成电路在左端有一个半圆凹坑，这个半圆凹坑左下角的引脚就是 1 号引脚。有的集成电路在左下角有一个小圆点或小圆凹坑，这个小圆点或小圆凹坑标识的就是 1 号引脚。其余引脚围绕集成电路逆时针进行识读，如图 2-2-11 所示。

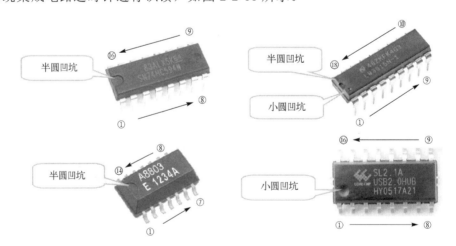

图 2-2-11　DIP 与 SOP 封装集成电路引脚排列

3．QFP 引脚识别方法

方形扁平封装集成电路通常在某一角上有一个小圆点或小圆凹坑标识 1 号引脚位置，其余引脚围绕集成电路逆时针进行识读，如图 2-2-12 所示。

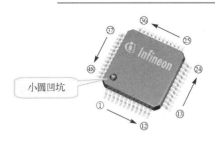

图 2-2-12 QFP 封装集成电路的引脚排列

三、集成电路的检测

集成电路的检测通常有电阻检测法、电压检测法和波形检测法。

1．电阻检测法

电阻检测法通过测量集成电路各引脚对地正、反向电阻，与参考值或另一块完好的集成电路进行比较，从而判断集成电路的好坏。

电阻检测法分为开路检测和在路检测。开路检测是指在集成电路未与其他电路连接时，进行正、反向电阻的检测。开路检测可以比较准确地判断集成电路的好坏，且对大多数集成电路都适用。在路检测是指在集成电路与其他外围元器件连接的情况下，进行正、反向电阻的检测。在路检测避免了拆卸集成电路的麻烦，是最常用和实用的检测方法之一。

在路检测方法如下。

（1）测量前一定要断开被测电路的电源，以免造成测量值的偏差，甚至损坏元器件和仪表。

（2）将数字万用表拨至欧姆挡。目前主流的数字万用表的欧姆挡各挡位的输出电压都比较低，可以根据参考值选择合适的挡位。指针式数字万用表的高阻挡的输出电压较高，对于某些低电压（如 3.3V 等）供电的集成电路，使用高阻挡测量易造成集成电路损坏，因此应尽量选择 100Ω 挡或 1kΩ 挡进行测量。

（3）将黑表笔接触集成电路的接地引脚，红表笔依次接触集成电路的其余各引脚，测量出各引脚的对地正向电阻，如图 2-2-13 所示。

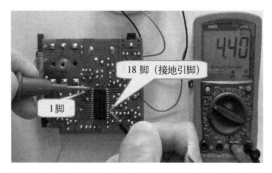

图 2-2-13 测量集成电路各引脚的对地正向电阻

（4）将红表笔接触集成电路的接地引脚，黑表笔依次接触集成电路的其余各引脚，测量出各引脚的对地反向电阻，如图 2-2-14 所示。

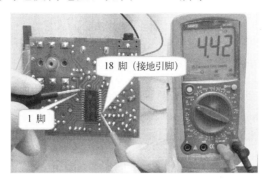

图 2-2-14　测量集成电路各引脚的对地反向电阻

将测量所得数据与参考值或另一个正常电路中的集成电路测量所得结果进行比较。如果两者基本相同，则被测集成电路正常；如果个别引脚数值相差较大，则先检测该引脚外围元件是否异常，如果外围元件无异常，则集成电路有可能损坏；如果多数引脚数值不正常，则集成电路损坏的可能性较大，但也不排除这些引脚外围元件损坏的可能。

开路检测方法如下。

采用在路检测第（2）～（4）步的方法，依次测量集成电路各引脚的对地正、反向电阻。

将测量所得数据与参考值或另一个完好的集成电路的测量所得结果进行比较。如果两者基本相同，则被测集成电路正常；如果两者各引脚数值相差较大，则被测集成电路损坏。

需要注意的是，无论是采用在路检测还是开路检测，在测量被测集成电路和正常集成电路时，同一引脚应选择相同的挡位，否则可能会由于数字万用表不同挡位电流的不同，导致集成电路内部晶体管的导通程度不同，造成测量偏差。

2．电压检测法

电压检测法是将集成电路置于正常工作状态，然后测量集成电路各引脚的直流电压，与参考值或另一个正常电路中的集成电路进行比较，从而判断集成电路的好坏。

（1）根据集成块的供电电压值，将数字万用表拨至直流电压相应挡位，红表笔插入标有"V"的插孔，黑表笔插入标有"COM"的插孔，如图 2-2-15 所示。

（2）检测集成电路的直流电压时，应先检测集成电路的电源与接地引脚电压是否正常。将黑表笔接触电路电源的接地端，红表笔依次接触集成电路的电源引脚和接地引脚,测量出集成电路的供电电压值与接地引脚电压值，如图 2-2-16 与图 2-2-17 所示。测量时应注意数字万用表的表笔测量位置准确，以免表笔同时触碰多个引脚造成引脚间短路，损坏集成电路。如果实测集成电路供电电压值与参考供电电压基本一致且集成电路接地引脚电压值为 0，则表明集成电路供电正常，否则应检查外围供电电路是否正常。

图 2-2-15　测量集成电路引脚电压时数字万用表的挡位选择

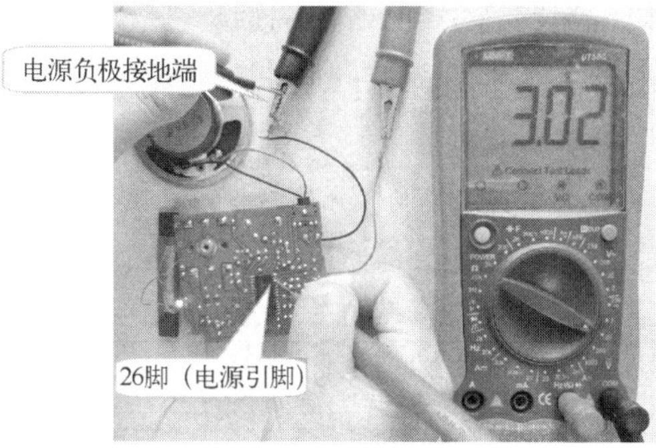

图 2-2-16　检测集成电路的电源引脚电压

（3）确定集成电路供电正常后，将黑表笔接触电路电源的接地端，红表笔依次接触集成电路其余各引脚，测量出集成电路各引脚的直流电压值，如图 2-2-18 所示。

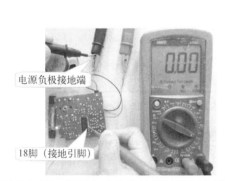

图 2-2-17　检测集成电路的接地引脚电压

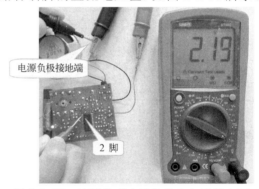

图 2-2-18　检测集成电路的其余各引脚电压

将测量所得数据与参考值或另一个正常电路中的集成电路测量所得结果进行比较。如果两者基本相同，则被测集成电路正常；如果个别引脚数值相差较大，则先检测该引脚外围元件是否异常，如果外围元件无异常，则集成电路有可能损坏；如果多数引脚数值不正常，则集成电路损坏的可能性较大，但也不排除这些引脚外围元件损坏的可能。

使用电压检测法检测集成电路时，应尽量选择内阻高的数字万用表，以减小数字万用表内阻对测量结果的影响。

3．波形检测法

波形检测法是将集成电路置于正常工作状态，使用示波器检测集成电路各引脚的波形是否与原设计相符，以此来判断集成电路是否正常的方法。例如，在音频功放电路的输入端应有幅度较小的音频信号波形，在音频功放电路的输出端应有放大后的音频信号波形；在微处理器的晶振端应有相应频率的振荡信号波形。若所测波形与应有波形有较大区别，则集成电路可能已损坏。

在采用以上方法检测集成电路各引脚时，表笔或探头应采取防滑措施，以避免瞬时短路造成集成电路损坏。

【任务评价】

集成电路的识别与检测任务评价表如表 2-2-5 所示。

表 2-2-5　集成电路的识别与检测任务评价表

考核项目	考核内容	分值	评价标准	得分
工程素养	1. 安全意识	4	注意用电安全，有良好的安全意识	
	2. 实践纪律	4	认真完成实验，不喧哗打闹	
	3. 仪器设备	4	爱惜实验室仪器设备	
	4. 场地维护	4	能保持场地整洁，实验完成后仪器物品摆放合理有序	
	5. 节约意识	4	节约耗材，实验结束后关闭仪器设备及照明电源	
集成电路的识别	识读集成电路的型号、类型、封装和引脚排列	40	能正确识读二极管的型号、类型、封装和引脚排列，每只 8 分	
集成电路的电阻检测	使用数字万用表检测集成电路各引脚的对地正、反向电阻并初步判断集成电路的好坏	20	能正确选择数字万用表的挡位，操作方法正确，检测与初步判断结果合理	
集成电路的电压检测	使用数字万用表检测集成电路各引脚的对地电压并初步判断集成电路的好坏	20	能正确选择数字万用表的挡位，操作方法正确，检测与初步判断结果合理	

其他元器件的识别与检测

【任务要求】

1. 了解电声器件、开关、谐振元件及连接器的分类方法。
2. 掌握常见电声器件与开关的检测方法。

【任务内容】

1. 从提供的各种电声器件、开关、谐振元件及连接器中直观识别元器件的类型及参数，并将识别结果填写在表 2-3-1 中。

2. 使用数字万用表对提供的扬声器进行检测，根据检测结果判断扬声器的好坏，并将检测和判断结果填写在表 2-3-2 中。

3. 使用数字万用表对提供的开关进行检测，根据检测结果判断开关的好坏，并将检测和判断结果填写在表 2-3-3 中。

表 2-3-1　电声器件、开关、谐振元件及连接器识别记录表

序号	元器件名称	类型或型号	标称参数

表 2-3-2　扬声器检测记录表

序号	标称阻抗值	实测阻抗值	好坏判断（完好/损坏）

表 2-3-3　开关检测记录表

序号	挡位 1 通断情况	挡位 2 通断情况	绝缘电阻	好坏判断（完好/损坏）

 【实施方法】

一、电声器件的识别与检测

微课 2-6
陶瓷滤波器、
扬声器、开关
与连接器

电声器件包括两大类：一类可将音频信号转换为声音信号，被称为发声器件（如扬声器、耳机、蜂鸣器等）；另一类可将声音信号转换为电信号，被称为传声器件（如话筒）。

1. 扬声器

扬声器俗称喇叭，是音响设备中的主要元件。扬声器的种类很多，目前常用的是电动式扬声器（又称动圈式扬声器），图 2-3-1 所示为电动式扬声器的结构与外形。扬声器是利用电磁作用而工作的。扬声器中有一个线圈，称为音圈。音圈与扬声器的纸盆固定在一起，音圈外环绕一块永久磁铁。当在音圈中通以音频信号时，音圈周围就会产生与音频信号相关的磁场。这个磁场与音圈外的永久磁铁的磁场相互作用，可以推动音圈产生振动，从而带动扬声器的纸盆振动发声。

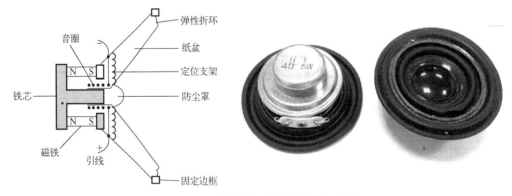

图 2-3-1　电动式扬声器的结构与外形

扬声器的主要性能指标有额定功率、标称阻抗、频率响应、指向性、灵敏度及失真度等参数。额定功率又称不失真功率，是指扬声器在不失真范围内容许的最大输入功率。标称阻抗是指当音频信号的频率为 400Hz 时，从扬声器输入端测得的阻抗，它一般是音圈直流电阻的 1.2～1.5 倍。电动式扬声器常见的标称阻抗有 4Ω、8Ω、

16Ω、32Ω 等。频率响应指扬声器的主要工作频率范围，又称有效频率范围，理想的扬声器的有效频率范围为 20Hz～20kHz，即人耳能听到的声音频率范围。

可用数字万用表检测扬声器的好坏。用数字万用表欧姆挡的最低挡检测扬声器两个引脚之间的电阻，正常时应比标称阻抗值略小。如图 2-3-2 所示，标称阻抗为 8Ω 的扬声器，实测电阻值略低于 8Ω。若实测值为无穷大或远大于它的标称阻抗，则表明扬声器已损坏。

2．耳机

耳机实质上是小型化的扬声器，尽管形状和结构不同，但工作原理和过程与电动式扬声器相同，即利用电磁现象将音频电流转换为机械振动——声音。耳机体积小，携带方便，一般应用于移动产品或避免相互干扰的环境中。耳机的主要技术参数与电动式扬声器类似，有频率响应、标称阻抗、灵敏度、失真度等。图 2-3-3 所示为几种常见的耳机。

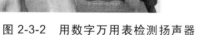
电阻挡最低挡

图 2-3-2　用数字万用表检测扬声器

图 2-3-3　常见的耳机

3．蜂鸣器

蜂鸣器是一种一体化结构的电子讯响器，采用直流电压供电，广泛应用于各类电子产品中作为发声器件。蜂鸣器主要分为压电式蜂鸣器和电磁式蜂鸣器两种类型。蜂鸣器在电路中通常用字母"H"或"HA"表示。

（1）压电式蜂鸣器

压电式蜂鸣器是依靠压电陶瓷的压电效应带动金属片振动而发声的，主要由多谐振荡器、压电蜂鸣片、阻抗匹配器、共鸣箱及外壳等组成。常见的压电式蜂鸣器如图 2-3-4 所示。

（2）电磁式蜂鸣器

电磁式蜂鸣器由振荡器、电磁线圈、磁铁、振动膜片及外壳等组成。接通电源后，振荡器产生的音频信号电流通过电磁线圈，使电磁线圈产生磁场。振动膜片在电磁线圈和磁铁的相互作用下，周期性地振动发声。常见的电磁式蜂鸣器如图 2-3-5 所示。

图 2-3-4　常见的压电式蜂鸣器　　　图 2-3-5　常见的电磁式蜂鸣器

4．话筒

话筒又称为麦克风，常见的话筒有电磁式声传感器和驻极体话筒。

（1）电磁式声传感器（动圈式话筒）

电磁式声传感器由永久磁铁、音膜、音圈等构成，当音膜受声波作用力振动时，与音膜相连的音圈振动并切割磁力线，产生感应电动势，完成由声波到电信号的转换。电磁式声传感器的外形与结构如图 2-3-6 所示。为了使电磁式声传感器具有较高的灵敏度，其音圈通常很小，音圈输出的电压信号也很小，因此实际应用中需要经过变压器升压，然后输送到音频电路进行处理。

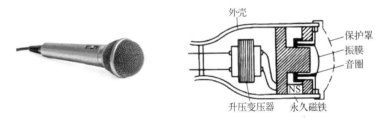

图 2-3-6　电磁式声传感器的外形与结构

（2）驻极体话筒

驻极体话筒是一种电容式声传感器，由一个带有一定电荷的驻极体振动膜和金属极板形成的电容器构成。驻极体受声波作用振动时，电容量会改变。根据电容器公式 $C=Q/V$，在电荷不变时，电容的变化转换成电压的变化，实现声电转换。驻极体话筒体积小，灵敏度高，被广泛用于录音机及声控电路中。驻极体话筒的外形和结构如图 2-3-7 所示。

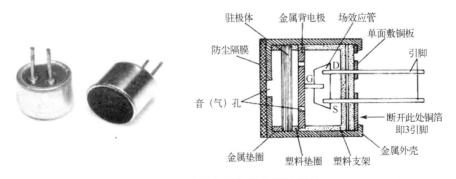

图 2-3-7　驻极体话筒的外形和结构

二、开关的识别与检测

开关在电子产品中用于接通或切断电路，大多数是手动式机械结构，由于构造简单、操作方便、廉价可靠，因此使用十分广泛。

开关的种类非常繁多，常见的有拨动开关、直键开关、钮子开关、船型开关、旋钮开关、轻触开关、微型按键开关、按钮开关等。常见开关的外形如图 2-3-8 所示。

| 拨动开关 | 直键开关 | 钮子开关 | 船型开关 |

| 旋钮开关 | 轻触开关 | 微型按键开关 | 按钮开关 |

图 2-3-8　常见开关的外形

开关控制电路的功能，用"×极×位"（或"×刀×掷"）来表示：随某一个机械动作同时联动的接触点数目，称为"极"（或"刀"）；接触点各种可能的位置，称为"位"（或"掷"）。如图 2-3-9 所示，该开关有两排（两组）接触点同步动作，称为"双极"，每一组接触点都用于控制一组电路；其中每组接触点有三个工作位置，称为"三位"，因此这是一个双极三位拨动开关。

图 2-3-9　双极三位拨动开关的结构及原理

开关的检测包括通断检测与绝缘电阻检测。下面以单极双位拨动开关为例说明开关的检测方法。

1．通断检测

使用数字万用表的蜂鸣挡检测开关置于不同挡位时各引脚间的通断。如图 2-3-10 所示，当开关置于左侧时，测量左侧两引脚时蜂鸣器应鸣响，数字万用表显示值接近零；测量右侧两引脚时，蜂鸣器应停止鸣响，显示超量程。当开关置于右侧时，测量右侧两引脚时蜂鸣器应鸣响，数字万用表显示值接近零，测量左侧两引脚时，蜂鸣器应停止鸣响，显示超量程。

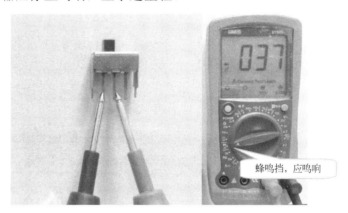

图 2-3-10　使用数字万用表的蜂鸣挡检测开关通断

2．绝缘电阻检测

如图 2-3-11 所示，使用数字万用表电阻挡的最高挡依次检测开关外壳（或外壳引出的引脚）与各引脚之间的电阻值，一般应显示超量程。

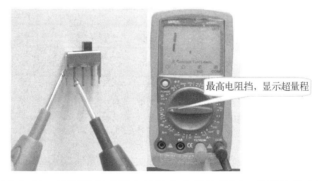

图 2-3-11　使用数字万用表的最高电阻挡检测开关的绝缘电阻

三、谐振元件的识别

1．晶振

晶振是石英晶体振荡器的简称，又称石英晶体谐振器。它是在具有压电效应的石英晶体上按一定方位角切下薄片，将薄片两端抛光并涂上导电的银层，再从银层上连出两个电极并封装而制成的。这种石英晶体薄片受到外加交变电场的作用时会产生机械振动，当交变电场的频率与石英晶体的固有频率一致时，振动变得更加强烈。利用石英晶体的这种谐振特性而制成的晶振可以取代 LC 谐振回路、滤波器等。晶振具有体积小、质量轻、频率精度及频率稳定性高等优点，被广泛应用于家用电器和通信设备中。

晶振一般用金属外壳封装，也有用玻璃、陶瓷或塑料封装的。晶振的标称频率通常标注在晶振外壳上。常见的晶振元件的外形如图 2-3-12 所示。

图 2-3-12　常见的晶振元件的外形

晶振在电路原理图中通常用字母"X""Y""G""Z"表示，其电路符号如图 2-3-13 所示。

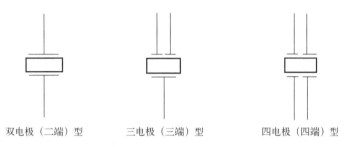

双电极（二端）型　　　三电极（三端）型　　　四电极（四端）型

图 2-3-13　晶振的电路符号

2．陶瓷谐振器

陶瓷谐振器是用特殊的陶瓷材料（压电陶瓷）制成的用于滤波选频的一种电路器件。其基本结构、工作原理、特性、等效电路等与晶振相似，但其频率精度、频率稳定性等指标比晶振稍差。陶瓷谐振器价格低廉，应用广泛。

陶瓷谐振器通常采用塑料外壳封装或复合材料封装，也有的采用金属外壳封装。陶瓷谐振器的标称频率通常标注在其外壳上。陶瓷谐振器的外形如图 2-3-14 所示，陶瓷谐振器的电路符号与晶振相同。

图 2-3-14　陶瓷谐振器的外形

四、连接器的识别

连接器又称接插件，通常由插头（公头）和插座（母头）组成，是电子产品中用于电气连接的一类机电元件，应用十分广泛。

连接器的种类非常多，按照用途可分为电源连接器、音/视频连接器、射频连接器、印制板连接器等；按照结构形状，可分为圆形连接器、矩形连接器、D 形连接器、带状电缆连接器等。常见连接器的外形如图 2-3-15 所示。

| 电源连接器 | 音/视频连接器 | 射频连接器 | 印制板连接器 |

| 圆形连接器 | 矩形连接器 | D形连接器 | 带状电缆连接器 |

图 2-3-15　常见连接器的外形

【任务评价】

其他元器件的识别与检测任务评价表如表 2-3-4 所示。

表 2-3-4　其他元器件的识别与检测任务评价表

考核项目	考核内容	分值	评价标准	得分
工程素养	1. 安全意识	4	注意用电安全，有良好的安全意识	
	2. 实践纪律	4	认真完成实验，不喧哗打闹	
	3. 仪器设备	4	爱惜实验室仪器设备	
	4. 场地维护	4	能保持场地整洁，实验完成后仪器物品摆放合理有序	
	5. 节约意识	4	节约耗材，实验结束后关闭仪器设备及照明电源	
电声器件、开关、谐振元件及连接器的识别	识读电声器件、开关、谐振元件及连接器的类型与主要参数	40	能正确识读电声器件、开关、谐振元件及连接器的类型与主要参数，每只 5 分	
扬声器的检测	使用数字万用表检测扬声器的电阻值并判断扬声器的好坏	20	能正确选择数字万用表的挡位，操作方法正确，检测与判断结果正确，每只 5 分	
开关的检测	使用数字万用表对开关进行通断检测与绝缘电阻检测并判断开关的好坏	20	能正确选择数字万用表的挡位，操作方法正确，检测与判断结果正确，每只 5 分	

复 习 题

1．单选题：以下关于数字万用表的说法，不正确的是（　　　）。

A．数字万用表可用于测量直流电压值

B．数字万用表可用于测量交流电压有效值

C．数字万用表可用于测量导线通断

D．数字万用表不能用于测量二极管的导通方向

2．判断题：直插式发光二极管的长引脚为负极。（　　　）

3．多选题：以下关于二极管的说法中，错误的是（　　　）。

A．二极管按照功能和用途的不同，可分为检波二极管、整流二极管、稳压二极管、开关二极管等

B．小功率二极管有环的一侧为正极

C．二极管的最大反向工作电压就是反向击穿电压

D．发光二极管是一种将电能转换为光能的半导体器件

4．多选题：使用数字万用表检测发光二极管时，以下说法中正确的是（　　　）。

A．应使用二极管挡检测发光二极管

B．可使用任一电阻挡检测发光二极管

C．检测发光二极管时，红表笔接短脚，黑表笔接长脚

D．检测发光二极管时，红表笔接长脚，黑表笔接短脚

5．单选题：图中箭头所指集成块的引脚为（　　　）。

A．1 脚　　　　B．14 脚　　　　C．15 脚　　　　D．28 脚

6．多选题：关于如图所示集成块，以下说法中错误的是（　　　）。

A．圆形凹点对应的引脚是 1 脚

B．这是 BGA 封装的集成块

C．该集成块顺时针读脚

D．集成块焊接前应确认引脚号，避免装错导致元件损坏

7．多选题：集成电路是将（　　　）等集中光刻在一小块固体硅片上并封装于一个外壳内，所构成的一个完整的具有一定功能的电路。

  A．晶体管   B．电阻   C．连线   D．电容

8．单选题：陶瓷滤波器是利用特殊陶瓷材料的（　　　）而制成的。

  A．电热效应   B．接触电效应 C．压电效应 D．电光效应

9．单选题：图中所示元器件是（　　　）。

  A．陶瓷谐振器 B．晶振   C．电容器   D．集成电路

10．单选题：使用数字万用表对扬声器进行开路检测时应选用（　　　）。

  A．直流电流挡 B．电阻最高挡

  C．交流电压挡 D．电阻最低挡

11．单选题：下图所示是（　　　）拨动开关。

  A．单极单位 B．双极双位 C．双极三位 D．单极双位

12．单选题：使用数字万用表对开关进行通断检测时，可使用（　　　）进行快速判断。

  A．蜂鸣挡   B．电阻最高挡 C．直流电压挡 D．二极管挡

项目三 通孔元器件的手工装配与焊接及问题判断与处理

 项目概述

手工焊接是电子产品装联中的重要环节，是一项重要的基础工艺技术。焊接质量的好坏直接影响电子产品的质量，熟练掌握手工焊接技术，不仅能减小电路出现故障的概率，还能提高产品的质量和可靠性。

本项目由三个任务构成，包括装配与焊接工具及焊接材料的选用、通孔元器件手工装配与焊接、通孔元器件手工装配与焊接常见问题判断与处理。通过本项目的学习，学生可了解焊接的机理，熟悉装配与焊接工具、材料，熟练掌握手工装配与焊接方法及常见的电路故障处理方法，为后续的项目实践打下良好的基础。

 立德培志

小锦囊——如何掌握焊接技能

在电子制造中，焊接是一个至关重要的环节。焊接的质量对电子产品质量的影响极大。因此，掌握电子焊接技能是电子工程师必备的一项重要基本功。

怎样才能掌握好这一技能呢？下面是三个小锦囊。

一、具有良好的安全意识：安全是实践活动的基础和前提。严格遵守实验室安全与消防制度；注意用电安全；时刻按照要求规范操作设备与使用工具。

二、严谨细致、规范操作：每一步操作都会影响产品的质量。在装配与焊接过程中，一定要遵照相关的工艺规范与要求进行操作，才能为后期调试打下良好的硬件基础。

三、耐心专注、精益求精：严肃认真不怠慢；专心致志不懈怠；遇到困难不退缩，勇于不断尝试，追求卓越品质，具有执着而坚持的工匠精神。

希望读者能用好以上三个锦囊，在电子技术的学习道路上不断进步！

任务一

装配与焊接工具及焊接材料的选用

 【任务要求】

1. 了解焊接技术，熟悉焊接材料的性能。
2. 熟悉装配与焊接工具的性能、用途及选用原则。
3. 掌握直热式电烙铁的结构组成。

 【任务内容】

对给出的装配与焊接工具和焊接材料进行直观识别，明确其用途和作用；查看其产品说明书，了解其规格型号、性能特点和用途，将结果填写在表 3-1-1 及表 3-1-2 中。

表 3-1-1　装配与焊接工具的识别记录表

序号	装配与焊接工具名称	规格型号	性能特点	用途

表 3-1-2　焊接材料的识别记录表

序号	焊接材料名称	规格型号	性能特点	用途

 【实施方法】

合适、高效的工具是装配与焊接质量的保证，合格的材料是焊接的前提，"工欲善其事，必先利其器"，要将形形色色的电子元器件装配与焊接成符合要求的电子产品，必须熟悉并且正确使用装配与焊接工具，这样才能提高效率，保证质量。关于焊接技术简介、装配与焊接工具的选择，可扫描此处二维码。

微课 3-1 焊接技术简介　　　　微课 3-2 装配与焊接工具的选择

一、装配与焊接工具

1. 电烙铁

手工焊接的主要工具是电烙铁，其作用是加热焊料和被焊金属，使熔融的焊料润湿被焊金属表面并生成合金。合理选择并使用电烙铁是保证焊接质量的基础。

电烙铁的种类繁多，其结构和用途也不尽相同。常见的电烙铁有直热式电烙铁、调温/恒温式电烙铁、电焊台、吸锡式电烙铁。

（1）直热式电烙铁

直热式电烙铁主要由烙铁芯、烙铁头、手柄、接线柱等部件构成。根据烙铁芯和烙铁头的相对位置，直热式电烙铁又分为内热式和外热式两种，如图 3-1-1所示。内热式电烙铁的发热效率高，烙铁头更换较方便，外热式电烙铁的功率大、体积大。

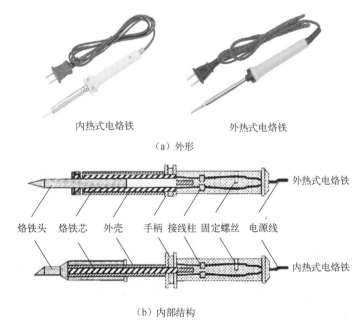

图 3-1-1　直热式电烙铁的外形和内部结构

烙铁芯：是电烙铁的发热元件。它是将镍铬发热电阻丝缠在云母、陶瓷等耐热、绝缘材料上构成的。内热式电烙铁与外热式电烙铁的主要区别在于外热式电烙铁的发热元件在传热体的外部，而内热式电烙铁的发热元件在传热体的内部。

烙铁头：起热量储存和传递作用的烙铁头，一般用紫铜制成。

接线柱：发热元件同电源线的连接处。

手柄和外壳为整个电烙铁的支架和壳体。

关于电烙铁的拆装及故障检测方法，可扫描此处二维码。

文档 3-1
电烙铁的拆装及
故障检测方法

（2）调温/恒温式电烙铁

调温/恒温式电烙铁的烙铁头温度可以控制，其手柄上装有温度调节旋钮，可根据需要设置温度，当加热到指定温度时会自动停止加热，烙铁头始终保持在该设定温度，如图 3-1-2 所示。

图 3-1-2　调温/恒温式电烙铁

（3）电焊台

电焊台实际是一种台式调温式电烙铁。其可调温度范围较大，多数电焊台都具有防静电功能，在安全和焊接性能方面要优于普通电烙铁，如图 3-1-3 所示。

（4）吸锡式电烙铁

它是将活塞式吸锡器与电烙铁融为一体的拆焊工具，如图 3-1-4 所示。吸锡式电烙铁具有使用方便、灵活、适用范围广等特点，不足之处是每次只能对一个焊点进行拆焊。

图 3-1-3　电焊台

图 3-1-4　吸锡式电烙铁

2. 电烙铁的选用

针对不同的焊接对象，一般从种类、功率和烙铁头三个方面来考虑和选择电烙铁。

（1）电烙铁的种类和功率的选择

对于一般元器件的焊接，以 20～40W 的内热式电烙铁为宜。对于大型元器件及直径较大的导线，应考虑选用功率较大的外热式电烙铁。若要求工作时间长、被焊元器件又少，则应考虑选用长寿命的调温/恒温式电烙铁，如焊接表面封装的元器件。实际工作中应根据元器件的大小，按照要求选用不同功率的电烙铁。表 3-1-3 给出了一些电烙铁的选择依据，仅供参考。

表 3-1-3　电烙铁的选择依据

焊件及工作性质	烙铁头温度/℃ （室温、220V 电压）	选用的电烙铁
一般印制电路板、安装导线	300～400	20W 内热式、30W 外热式、调温/恒温式
集成电路	一般 350～400，具体情况参考集成电路手册	20W 内热式、调温/恒温式
焊片、电位器、2～8W 电阻、大电解电容、大功率管	350～450	35～50W 内热式、调温/恒温式、50～75W 外热式
8W 以上大电阻、直径 2mm 以上导线	400～550	100W 内热式、150～200W 外热
维修、调试一般电子产品	300～400	20W 内热式、调温/恒温式

（2）烙铁头的选择

烙铁头是电烙铁的重要组成部分，烙铁头按形状有几种类型：斜面式、凿式、半凿式、尖锥式、圆锥式、刀式等，如图 3-1-5 所示。

图 3-1-5　烙铁头的形状

烙铁头的形状会直接影响焊接效果，针对不同的焊点，烙铁头的形状和尺寸选择也不相同。烙铁头的形状要适应被焊物表面要求和产品装配的密度。

通常在焊接导线、接线柱单面板和双面板上不太密集的焊点，以及焊接表面贴装元器件中的电容、电阻等引线间距大的元器件时，使用斜面式烙铁头。焊接印制电路板等高密度的焊点和小而怕热的元器件及一些双列直插式的元器件时，采用圆锥式和尖锥式烙铁头。焊接长焊点以及电器维修时，多采用凿式和半凿式烙铁头。

3．其他装配工具

（1）锉刀：用来磨掉烙铁头端部的氧化层，如图 3-1-6 所示。

（2）尖嘴钳：用于夹持小型金属零件或弯曲元器件引脚，使用时不宜用力夹持物体，如图 3-1-7 所示。

（3）斜口钳：主要用来剪切导线及电路板焊后的元器件引脚，如图 3-1-8 所示。

（4）镊子：常用来弯曲元器件的引脚，也可以夹持细小的导线、片式元器件，以便装配与焊接，如图 3-1-9 所示。

（5）螺丝刀：有一字式和十字式两种，主要用来拧螺钉，应根据螺钉大小、螺钉槽形状和长短选用不同规格的螺丝刀，如图 3-1-10 所示。

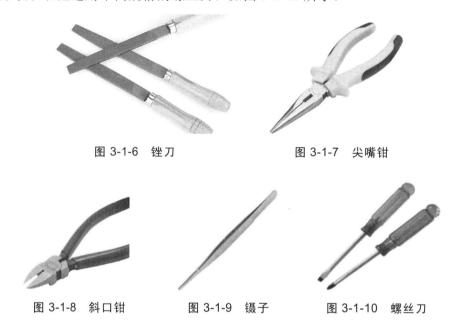

图 3-1-6　锉刀　　　　　　　图 3-1-7　尖嘴钳

图 3-1-8　斜口钳　　　图 3-1-9　镊子　　　图 3-1-10　螺丝刀

二、焊接材料

焊接材料包括焊料、助焊剂与阻焊涂料。

1．焊料

焊料是易熔金属，熔点低于焊件。它的作用是将被焊物连接在一起。焊料按成分，可分为铜焊料、银焊料、锡铅焊料和无铅焊料等。在一般电子产品装配中，常采用的是锡铅焊料，俗称焊锡，是一种锡铅合金。通常在选用焊料时，要注意它的熔点，以及内部是否有助焊剂。下面介绍锡铅焊料和无铅焊料。

（1）锡铅焊料

锡铅焊料的性能会随着锡、铅含量配比的不同而有所差异，但各种不同比例结合的锡铅合金的熔点均低于锡、铅的熔点。当焊料中锡、铅的含量占比分别为 38.1%

和61.9%时，为共晶焊锡，其熔点与凝固点均为183℃，是锡铅焊料中最好的一种。若在共晶焊锡中加入3%的银，还可使熔点降为177℃，同时可以提高焊料的焊接性能和扩展强度，但是成本也会相应增加。

常用的锡铅焊料有焊锡丝和焊锡膏，如图3-1-11所示。

焊锡丝有两种：一种是将焊锡做成管状，管内填有松香，称松香焊锡丝，使用这种焊锡丝焊接时可不加助焊剂；另一种是无松香的焊锡丝，焊接时要加助焊剂。

焊锡膏是一种灰色膏体，它是随着表面贴装技术应运而生的一种新型焊接材料，是将焊锡粉、助焊剂及其他表面活性剂等加以混合形成的膏状混合物，能方便地用丝网、模板或点膏机涂印在印制电路板上。

（a）焊锡丝　　　　　　　　　　　（b）焊锡膏

图 3-1-11　锡铅焊料

（2）无铅焊料

无铅焊料是指以锡为主体，添加其他金属材料制成的焊料。所谓"无铅"，是指焊料中铅的含量占比必须低于0.1%。

无铅焊料虽然降低了铅的含量占比，但其相比锡铅焊料存在一定的缺陷：它的熔点偏高，无铅焊料的熔点相比锡铅焊料的要高30℃以上；可焊性不高；焊点易氧化，造成导电不良、焊点脱落、焊点没有光泽等质量问题；没有配套的助焊剂；成本高。通常的无铅焊料的焊点不如锡铅合金的焊点平滑、光亮。

随着人类环保意识的增强，人们越来越关注铅及其化合物对人体的危害和对环境的污染，绿色环保产品成为新世纪的主流，无铅化已得到了多个国家的重视，无铅焊料也已得到国际社会的广泛认同。

2．助焊剂

助焊剂通常是以松香为主要成分的混合物，如图3-1-12所示，是保证焊接过程顺利进行的辅助材料。焊接时，助焊剂能溶解和去除金属表面的氧化膜，并在焊接加热时包围在金属表面，形成隔离层，防止金属加热时被氧化；同时，它可以加强焊料的流动性，提高焊接质量。

图 3-1-12　助焊剂

3．阻焊涂料

阻焊涂料与助焊剂的功能刚好相反，它涂敷在印制电路板上的非焊接部分，使焊料只在需要的焊点上进行焊接，而把不需要焊接的部分覆盖起来，起到阻焊作用。如图 3-1-13 所示，印制电路板表面有颜色的部分就是阻焊涂料，常用的阻焊涂料的颜色是绿色，通常称作绿油，阻焊涂料的颜色除了绿色，还有红色、黑色、蓝色、黄色等。

阻焊涂料可以防止桥接、拉尖、短路、虚焊等情况的发生，也可以减小板面在焊接时受到的热冲击，使板面不易起泡、分层，同时可以保护元器件。

图 3-1-13　涂有不同颜色阻焊涂料的印制电路板

【任务评价】

装配与焊接工具及焊接材料的选用评价表如表 3-1-4 所示。

表 3-1-4　装配与焊接工具及焊接材料的选用评价表

考核项目	考核内容	分值	评价标准	得分
工程素养	1．安全意识	4	注意用电安全，有良好的安全意识	
	2．实践纪律	4	认真完成实验，不喧哗打闹	
	3．仪器设备	4	爱惜实验室仪器设备	
	4．场地维护	4	能保持场地整洁，实验完成后仪器物品摆放合理有序	
	5．节约意识	4	节约耗材，实验结束后关闭仪器设备及照明电源	
认识装配与焊接工具及焊接材料	1．认识常用的装配与焊接工具	40	能正确说出常用装配与焊接工具的名称和作用，每项 8 分	
	2．认识焊接材料	40	能识别焊接材料，并正确说出其用途，每项 8 分	

通孔元器件手工装配与焊接

【任务要求】

1. 掌握烙铁头的清洁保护方法。
2. 掌握通孔元器件正规化的装配方法。
3. 掌握通孔元器件的手工焊接方法。
4. 学会根据焊点外观判断焊点质量，焊点合格率不低于 90%。
5. 熟悉本任务涉及的焊接理论知识。

【任务内容】

1. 完成焊接前的准备工作，将结果填入表 3-2-1 中。

表 3-2-1　焊接准备工作记录表

序号	工作内容	检查或准备情况
1	检查电烙铁	
2	烙铁头清洁保护	
3	按元器件清单检查元器件型号及数量	

2. 按操作规范将提供的各种通孔元器件的引脚弯制成形并插装到电路板上，将操作情况填写在表 3-2-2 中。

表 3-2-2　元器件引脚成形及插装记录表

序号	元器件名称	插装方式	引脚成形质量	有无损伤	插装质量

3. 按五步焊接法的要求焊接，并检查焊点质量，将结果填写在表 3-2-3 中。

表 3-2-3　焊接记录表

序号	元器件名称	焊点质量	不良焊点及成因	操作是否规范

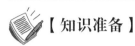【知识准备】

一、焊接的基本知识

焊接是使两种金属连接的一种方式。在电子工业中，使用锡、铅等低熔点合金材料作为焊料使电子元器件连接在印制电路板上，这种焊接又称"锡焊"。它是利用加热的电烙铁将固态焊锡丝加热熔化，在电子元器件的引脚和印制电路板上焊盘的接触面，通过焊接材料的原子或分子的相互扩散作用，形成一种永久的牢固结合。利用焊接的方法进行连接而形成的接点叫焊点，它将电子元器件可靠地连接在印制电路板的焊盘上，达到导电和固定的作用。

更多焊接机理相关信息，可扫描此处二维码。

文档 3-2
焊接机理

二、操作手法

1．电烙铁的握法

在使用电烙铁时，为避免烫伤、损坏导线和元器件，必须正确掌握手持电烙铁的方法。电烙铁的握法有三种：正握法、反握法和握笔法，如图 3-2-1 所示。

（1）正握法：五指抓握，电烙铁手柄压在手掌内侧，烙铁头方向朝外，如图 3-2-1（a）所示，它适用于中等功率电烙铁或带弯头电烙铁的操作。

（2）反握法：用拇指和其余四指把电烙铁手柄环握在手掌中，手柄接线端从虎口处伸出，如图 3-2-1（b）所示。这种握法动作稳定，长时间操作不宜疲劳，适用于大功率电烙铁的操作。

（3）握笔法：与写字时的握笔姿势类似，如图 3-2-1（c）所示。一般在工作台上焊印制电路板等焊件时，多采用握笔法。

2．焊锡丝的拿法

手工焊接时，焊锡丝需要用手加到焊盘上，一般有两种递送焊锡丝的方法。

一种是连续作业时的拿法，用这种拿法可以连续向前送焊锡丝，如图 3-2-2（a）

所示。另一种是间断作业时的拿法，这种拿法在仅焊接几个焊点或断续焊接时使用，不适用于连续焊接，如图 3-2-2（b）所示。

（a）正握法　　　　　　　（b）反握法　　　　　　　（c）握笔法

图 3-2-1　电烙铁的握法

（a）连续作业时　　　　　　　　　（b）间断作业时

图 3-2-2　焊锡丝的拿法

 【实施方法】

一、通孔元器件焊前准备

微课 3-3
通孔元器件
焊前准备

通孔元器件焊前准备包括三步：元器件的清洁、元器件引脚的弯制和元器件的插装，可扫描此处二维码。

1．元器件的清洁

焊接前，要先查看元器件引脚是否清洁，如果有污垢，可用酒精擦除。如果带有锈迹，可用刀刮、用砂纸打磨等方法去除。

注意：手工刮引脚时，须沿着引线从中间向外刮，边刮边转动引脚，不可划伤引脚表面，不得将引脚切伤或折断，也不要刮元器件引脚的根部（应留 1～3mm）。

2．元器件引脚的弯制

大部分通孔元器件的引脚需要在装插电路板前弯曲成形。以电阻为例，用镊子夹住元器件引脚，将元器件引脚弯制成形，注意镊子要距离元器件根部 1.5mm 以上，如图 3-2-3 所示。切忌齐根弯折，因为制造工艺上的原因，根部容易折断。

引脚弯制的形状取决于元器件本身的封装外形和印制电路板上的焊盘孔的距离，有时也会因整个印制电路板安装空间而限定元器件的安装位置。

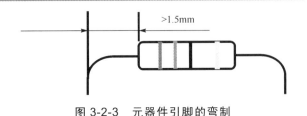

图 3-2-3　元器件引脚的弯制

3．元器件的插装

元器件引脚弯制成形后，就可以进行元器件的插装。通常，通孔元器件要从有元器件标识的装配面进行插装，所有元器件引脚都在焊接面焊接。

通孔元器件在电路板上的排列和安装有两种方式，一种是卧式插装，另一种是立式插装，如图 3-2-4 所示。

卧式插装是将通孔元器件平行于电路板插装。小功率的元器件要贴板插装，如图 3-2-4（a）所示；大功率的元器件则要悬空插装，悬空高度一般取 2～6mm，如图 3-2-4（b）所示。卧式插装的元器件的稳定性好，比较牢固，受震动时不易脱落。

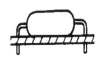　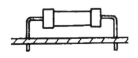　

（a）卧式插装：贴板　　　　（b）卧式插装：悬空　　　　（c）立式插装

图 3-2-4　插装方式

立式插装的特点是插装密度较大、占用印制电路板的面积小、拆卸方便。电容、三极管、DIP 系列集成电路多采用这种方法。

插装时应注意以下几点。

（1）不管是哪种插装方式，通孔元器件的引脚都应垂直于电路板。

（2）插装元器件时，应先插装低的元器件后插装高的元器件，否则焊接时低的元器件会从板子上掉落，不便于焊接操作。同时，同类元器件应保持安装高度一致。

（3）各元器件插装时，其符号标志应置于易观察的位置，卧式的向上，立式的向外，同时注意元器件字符标记方向要一致，安装方向是符号阅读习惯的方向，以便以后检查和维修。

二、电烙铁焊前准备

在使用电烙铁前，需要先进行外观检查，主要检查电源线有无破损，烙铁头有无松动。如果电源线有破损，要用绝缘胶带缠好；烙铁头如果松动，可以用尖嘴钳轻轻夹紧，再轻轻抖动，感受一下烙铁头是否已经牢固。

1. 烙铁头的清洁保护

本项目使用的是普通内热式斜面式电烙铁，在使用前，要进行清洁打磨并镀锡保护。如果选用长寿命耐用型烙铁头，则无须打磨。因长寿命耐用型烙铁头外层包裹有坚硬的合金层，不易磨损，只需将烙铁头在潮湿的高温海绵上擦拭，直至恢复金属光泽即可。

新的普通烙铁头一般较为平整，使用前只需要用锉刀将烙铁头前端的镀锌层打磨干净，露出紫铜。使用过一段时间的烙铁头，由于长期处于高温状态，其表面很容易氧化并沾上一层黑色杂质形成隔热层，失去加热作用。同时，在使用过程中，烙铁头的顶部也极易被焊料侵蚀而逐渐形成凹坑和缺口，加大焊接操作难度。再次使用时，需要重新修整烙铁头。修整烙铁头时要用锉刀将黑色氧化层磨掉，将凹坑和缺口锉平，同时把边缘打磨出来的渣子磨掉，形成一个光滑的椭圆形的斜平面。

烙铁头打磨平整后，还要做一步重要的工作，即在接通电源后，及时镀上一层焊锡来保护烙铁头，防止氧化。

2. 电烙铁的使用注意事项

关于电烙铁的使用注意事项，可扫描此处二维码。

微课 3-4
电烙铁的使
用注意事项

（1）电烙铁加电时，要将电源线理顺拉直，不能绕来绕去，以防使用中不小心烫伤电源线而触电或发生火灾。

（2）给烙铁头加热镀锡时，在接通电源等待电烙铁升温的时候，可以用一条焊锡丝不断去碰触烙铁头，若烙铁头温度升高，焊锡丝就会熔化，烙铁头就被镀上了一层焊锡。这个过程中切忌用手去碰触烙铁头，以免烫伤。烙铁头上多余的焊锡不要随便抛甩，以免造成烫伤或电路内部短路，应用潮湿的高温海绵或其他工具将其去除。

（3）电烙铁不用时，一定要放回烙铁架上，以免灼伤自己或他人，并注意烙铁头是否触碰电线以及易燃物。

（4）电烙铁长时间不用应切断电源，防止烙铁头氧化。

（5）使用过程中，不能随意敲击电烙铁，应轻拿轻放，以免损坏电烙铁内部发热器件而影响其使用寿命。

（6）每一次焊接前，都应检查烙铁头是否平整干净，如已发黑，就需要重新对烙铁头进行清洁保护。

三、通孔元器件手工焊接方法——五步焊接法

手工焊接时，助焊剂挥发产生的烟雾对人体健康不利，要避免长时间吸入。为了人体安全，一般电烙铁与口鼻的距离不应小于 20cm，通常以 30cm 为宜。同时，要注

意室内的通风换气。关于通孔元器件手工焊接方法，可扫描此处二维码。

微课 3-5
通孔元器件
手工焊接
方法

1. 五步焊接法

手工焊接操作通常有五步：准备施焊、加热焊件、熔化焊锡丝、移开焊锡丝、移开电烙铁，称为"五步焊接法"。

第一步：准备施焊。准备好被焊元器件，烙铁头已经做好清洁保护，将电烙铁加热到工作温度。一手拿电烙铁一手拿焊锡丝，烙铁头和焊锡丝同时移向焊点，电烙铁和焊锡丝分别居于被焊元器件的两侧，处于随时可以焊接的状态，如图 3-2-5（a）所示。

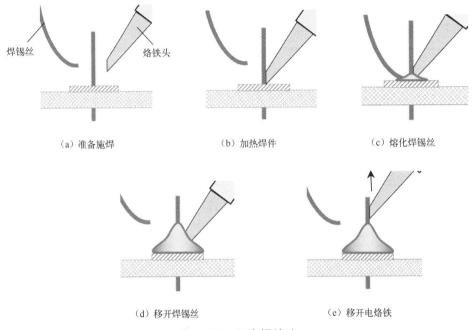

（a）准备施焊　　　　　　　（b）加热焊件　　　　　　　（c）熔化焊锡丝

（d）移开焊锡丝　　　　　　　　（e）移开电烙铁

图 3-2-5　五步焊接法

第二步：加热焊件。将烙铁头放在两个焊接面处加热，两个焊接面是指被焊元器件的引脚和焊盘，烙铁头的顶端要放到焊盘上，斜面靠在元器件的引脚上，使整个焊件均匀受热，如图 3-2-5（b）所示。

第三步：熔化焊锡丝。将焊锡丝送到元器件引脚底部烙铁头与焊盘接触的地方，顺烙铁头方向熔化适量的焊锡丝，此时注意焊锡一定要润湿整个焊盘，如图 3-2-5（c）所示。

第四步：移开焊锡丝。待焊锡充满焊盘后，迅速拿开焊锡丝，如图 3-2-5（d）所示。

第五步：移开电烙铁。当焊点上的焊锡接近饱满、焊锡最光亮、流动性最强时，及时移开电烙铁，注意撤电烙铁的动作要干脆利落，要沿着元器件引脚的方向向上提起，如图 3-2-5（e）所示。

完成上述步骤后,焊点应自然冷却。整个焊接过程的完成时间不可过长,在保证焊料润湿的前提下,焊接时间越短越好。在焊接过程中要不断总结,把握加热时间、送锡量的大小。

2. 通孔元器件焊接操作注意事项

(1)保持焊接面和焊接元器件的清洁。

(2)每插一个元器件就焊接一个元器件,切勿一次性插入大量元器件再焊接。

(3)采用正确的加热方法,烙铁头应同时加热焊盘与引脚,以增大接触面积来加快传热,如图 3-2-6 所示。

图 3-2-6 同时加热焊盘与引脚

(4)掌握好加热时间,避免长时间加热导致助焊剂挥发从而出现不良焊点或出现元器件损坏的情况。

(5)每个元器件焊接完成后应及时剪脚,再焊接下一个元器件。

(6)元器件剪脚时,应用手轻轻压住引脚,不要破坏焊点,保留的引脚高度约为 1mm,如图 3-2-7 所示。

图 3-2-7 元器件剪脚

(7)掌握好送锡时间,避免焊锡过多。

3. 错误焊接操作方式

(1)运载焊锡。焊接时应注意,不可以先用烙铁头烫焊锡丝,再把熔化的焊锡搬运到焊点上。因为焊锡丝里的助焊剂受到高热,很快就会失去帮助焊接的能力,变成残渣，用失去助焊剂的焊锡去焊接焊点，焊接质量必然下降。

（2）电烙铁加热温度不够。焊接时，应避免电烙铁加热温度不够的情况。电烙铁温度过低，焊锡很难被熔化，焊接非常困难。

（3）焊接时间过长。焊接时如果加热时间过长，会导致助焊剂挥发，出现不良焊点，焊接质量无法满足要求。加热时间过长也易导致元器件与印制电路板损伤。

（4）对烙铁头及焊盘施力。焊接过程中，不可以对烙铁头及焊盘施力。烙铁头的传热速度主要是靠增大烙铁头和焊件间的接触面积来实现的，而不是靠烙铁头对焊盘施力来增加传热的，对焊点施力不仅达不到效果，反而会造成元器件和焊盘损伤。

四、焊接质量检查

微课 3-6
合格的焊点

焊接质量的好坏，直接影响电子产品的可靠性和使用寿命，而合格的焊点是保证焊接质量的关键。关于合格的焊点，可扫描此处二维码。

1. 通孔元器件合格焊点的标准

（1）可靠的机械强度。每个焊点都应该是焊接牢固的。有的焊点好像焊住了，但实际上并没有焊上，有时用手一拔，元器件引脚就可以从焊点中拔出。

（2）良好的电气接触。焊点要充满整个焊盘并与焊盘的大小比例合适，每个焊点接触良好，保证导电性能。若焊点处只有少量锡，就会造成接触不良、时通时断。

（3）外形美观。从焊点的形状观察，其外观应是微微内陷的圆锥形，且焊点光亮、圆滑、均匀无毛刺。

满足上述条件的焊点才算是合格的焊点，如图 3-2-8 所示。

图 3-2-8　合格的焊点

2. 焊点质量的检查

焊接结束，通常要通过目视、手触、万用表、通电检查的方法来对焊点进行检查，以保证焊接质量。

（1）目视检查。从外观上检查焊点是否有缺陷、焊接质量是否合格。检查的内容主要包括：是否有漏焊；焊点是否有桥接、拉尖现象；焊锡量足否；焊点是否润湿良好且表面光亮、圆滑；焊盘是否有剥离或脱落情况；焊点周围是否干净，有无残留的助焊剂；焊接部位有无外皮烧焦等焊接缺陷。

（2）手触检查。用手指碰触元器件的外壳及引脚，查看焊点有无松动、焊接不牢的现象。或者用镊子夹住元器件的引脚轻轻摇动，看有无松动的现象。

（3）用万用表的蜂鸣挡检查。在目测检查的过程中，有时对一些焊点之间的连锡、虚焊，不是一眼就能看出来的，需要借助万用表的蜂鸣挡来进行判断。对连锡，应测量不相连的两个焊点，看是否短路；对虚焊，应测量引脚和焊盘，看是否开路。

（4）通电检查。在上述检查无误后，方可进行通电检查，否则有损坏仪器设备、造成安全事故的危险。

表 3-2-4 列出了一些插装印制电路板上的常见不规范焊点的外观及形成原因，可供焊点检查、分析时参考。

表 3-2-4　通孔元器件常见的不规范焊点的外观及形成原因

不规范焊点的外观	外观特点	形成原因
堆焊	外形呈现包子状或者球状，向外膨胀明显，与印制电路板仅有少量连接	1. 焊锡量过大 2. 加热时间不够 3. 焊盘及孔周围有氧化、污垢造成浸润不良
拉长	焊锡顺元器件引脚拉得很长	1. 加热时间过长 2. 电烙铁移开的速度不够快
引脚太短	元器件引脚没有露出焊点	1. 元器件插装未到位 2. 元器件引脚成形过短 3. 引脚被剪得太短了
焊盘剥离	焊盘铜箔与印制电路板分离	1. 烙铁头对焊盘施力 2. 长时间反复焊接 3. 焊接温度过高
连锡	焊锡将相邻的焊盘连接在一起	1. 焊锡量过大 2. 焊接时间过长
焊锡太少	焊锡未镀满整个焊盘，且内凹明显	1. 焊锡用量过小 2. 焊接时间不足
拉尖	焊点有尖峰	1. 电烙铁撤走方向不当 2. 加热时间过长

【任务评价】

手工装配与焊接练习任务评价表如表 3-2-5 所示。

表 3-2-5　手工装配与焊接练习任务评价表

考核项目	考核内容	分值	评价标准	得分
工程素养	1．安全意识	5	注意用电安全，有良好的安全意识	
	2．实践纪律	5	认真完成实验，不喧哗打闹	
	3．仪器设备	5	爱惜实验室仪器设备	
	4．场地维护	5	能保持场地整洁，实验完成后仪器物品摆放合理有序	
	5．节约意识	5	节约耗材，实验结束后关闭仪器设备及照明电源	
焊接用具的准备	1．检查电烙铁及烙铁头上锡	10	能对电烙铁进行安全检查，能正确打磨烙铁头并焊锡	
	2．按元器件清单检查元器件型号及数量	10	能按元器件清单检查元器件	
元器件引脚弯制成形与插装	1．元器件引脚的弯制成形	10	引脚弯制符合规范，每只 2 分	
	2．元器件的插装	10	元器件插装符合规范，每只 2 分	
焊接与焊点检查	1．五步焊接法	25	能用五步焊接法正确焊接，操作规范，每只 5 分	
	2．判断焊点质量	5	能正确判断焊点质量，每处 1 分	
	3．说明焊点缺陷原因	5	能正确说明焊点缺陷原因，每处 1 分	

通孔元器件手工装配与焊接常见问题判断与处理

【任务要求】

1. 了解印制电路板的构成及简单分类。
2. 掌握短路故障的判断和处理方法。
3. 掌握拆焊工具的使用方法。
4. 掌握拆焊和取孔的方法。

【任务内容】

1. 按要求在提供的印制电路板上查找故障点，对故障进行分析，并用正确的方法处理故障，将结果填写在表 3-3-1 中。

2. 按要求对部分通孔元器件进行拆焊、取孔练习，将结果填写在表 3-3-2 中。

表 3-3-1 故障排查、处理记录表

序号	判断是否为故障点	故障类型	故障原因	处理方法	故障是否排除	操作是否规范

表 3-3-2 通孔元器件拆焊、取孔记录表

序号	元器件名称	拆焊后元器件与焊盘是否损伤及损伤原因分析	焊盘孔是否通开	操作是否规范

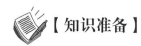 【知识准备】

微课 3-7
印制电路板
简介

文档 3-3
保罗·爱斯勒
和印制电路板
的诞生

一、印制电路板简介

印制电路板又称印刷电路板，英文名称为 Printed Circuit Board，简称 PCB，是电子元器件的支撑体，也是将电子元器件进行电气连接的载体。图 3-3-1 所示为焊接电子元器件的 PCB。印制电路板的发明是电子技术发展的重要里程碑，它为电子设备的制造提供了更加高效、可靠的解决方案，推动了电子技术的不断进步。关于印制电路板简介、印制电路板的诞生与其发明者的故事，可扫描此处二维码。

图 3-3-1　焊接电子元器件的 PCB

二、印制电路板的构成

印制电路板由基板、导电图形、金属表面镀层和保护涂敷层等构成。

1. 基板

基板是起承载元器件和结构支撑作用的绝缘板。基板的材料包括有机类基材和无机类基材。图 3-3-2 所示的电路板基板是用玻璃纤维布作为增强材料，浸以树脂黏合剂，烘干而制成的，呈半透明状，叫作环氧玻璃布板，属于有机类基板。常见的无机类基板则包括陶瓷基板、瓷釉基板等，陶瓷基板及其制成的 PCB 如图 3-3-3 所示。

2. 导电图形

在基板上覆压一定厚度的导电材料（如铜箔），再利用图形转印和蚀刻等技术将铜箔制作成一层可以导电的图形，这层图形就叫作导电图形，它起电路连接或构成部分元器件的作用。图 3-3-4 所示电路板上的不透明部分就是由铜箔制成的导电图形。

图 3-3-2　环氧玻璃布板及其制成的 PCB

图 3-3-3　陶瓷基板及其制成的 PCB

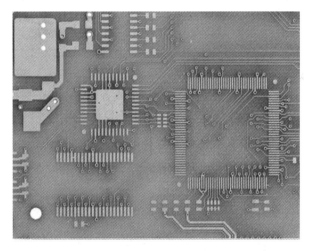

图 3-3-4　PCB 上的导电图形

3．金属表面镀层

金属表面镀层是为了保护导电图形、提高印制电路板的可焊性而在导电图形需要焊接的位置（焊盘）涂敷的一种表面镀层，通常用银或锡铅合金等材料。如图 3-3-5 所示，印制电路板上的银色部分就是涂敷锡铅合金镀层的焊盘。

4．保护涂覆层

保护涂敷层是在印制电路板表面涂敷的保护层，通常是指阻焊层。阻焊层可以防止导电图形上不需要焊接的部分在焊接时被焊锡浸润。图 3-3-5 所示印制电路板上绿色的部分就是阻焊层，通常称为绿油。保护涂覆层通常为绿色，还有红色、蓝色、黑色等多种颜色，这取决于所用的阻焊涂料的颜色。

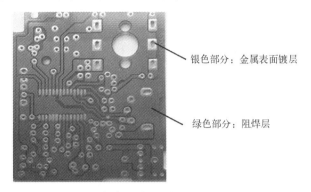

银色部分：金属表面镀层

绿色部分：阻焊层

图 3-3-5　涂敷金属表面镀层与阻焊层的 PCB

三、印制电路板的类型

印制电路板的种类繁多，按照机械性能，可分为刚性印制电路板、柔性印制电路板和刚柔性印制电路板；按照导电层分布，可分为单层印制电路板、双面印制电路板和多层印制电路板。这里只简单介绍按照导电层分布划分的类型。

1．单层印制电路板

单层印制电路板简称单层板，是仅有一面覆有导电图形的印制电路板。图 3-3-6 所示的印制电路板就是一块单层板，它只有一面有导电图形，而另一面是没有导电图形的。没有导电图形的一面印有许多元器件的符号与标识，大部分元器件都从这一面插装到印制电路板上，因此称为元件面。印有导电图形的一面分布着许多银色的焊盘，所有的焊接操作都在这些焊盘上完成，因此称为焊接面。单层板多用于简单电路系统中。

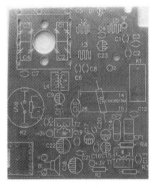 

（a）元件面　　　　　　　　　　（b）焊接面

图 3-3-6　单层印制电路板

2. 双面印制电路板

双面印制电路板简称双面板，是指绝缘基板的两面都覆有导电图形的印制电路板。

3. 多层印制电路板

多层印制电路板简称多层板，是指一层铜箔一层绝缘板，多层交替粘接而成的印制电路板。

双面板或多层板各层导电图形之间的连接需要通过过孔来实现，如图 3-3-7 所示。过孔也称金属化孔，在各层需要连通的导线的交汇处钻上一个公共孔，在孔壁圆柱面上用化学沉积的方法镀上一层金属，就可以实现各层之间的连接。

柔性电路是一种将电子元器件安装在柔性基板上组成的特殊电路。与传统刚性电路板相比，柔性电路板可弯曲、可折叠，具有质量轻、占用空间小、设计灵活性高、生产成本低、可靠性高等众多优点。关于柔性电路的更多信息，可扫描此处二维码。

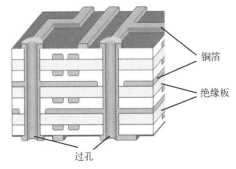

铜箔

绝缘板

过孔

文档 3-4
柔性电路

图 3-3-7　多层板结构

 【实施方法】

通孔元器件在装配与焊接过程中不可避免地会出现一些故障，有些是装配故障，有些是焊接故障，通常都是由元器件、装配工艺、焊接操作不熟练等方面的因素引起的，这里把这些故障归为两类，一类是短路故障，另一类是断路故障。对于这些故障如何来判断和确定，又如何解决，是应该重点掌握的技能。

一、短路故障

关于短路的判断与处理，可扫描此处二维码。

微课 3-8
短路的判断与
处理

1. 焊盘连锡

在焊接过程中，常常会出现焊盘之间连锡的情况，如图 3-3-8 所示，这种情况会不会造成短路？它是否会导致后期调试过程中出现电路故障？是否需要处理？怎么处理呢？

当焊接过程中出现焊盘连锡时，需要根据印制电路板上的导电图形来分析是否会引起短路故障。

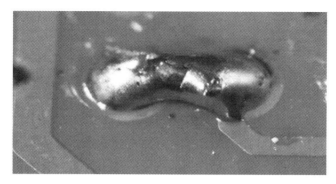

图 3-3-8　焊盘连锡

（1）两个焊点之间由不透明的铜箔相连

对于图 3-3-9 所示的两个焊盘之间的连锡，从图 3-3-9（b）可以很清楚地看到没有焊接时焊盘的状态，圈中的两个焊点之间是由不透明的铜箔相连的。由于铜箔具有导电作用，说明它们之间本就是短接的，因此这样的两个焊盘之间的连锡并不会导致故障，但是这样焊接是不符合工艺规范的。

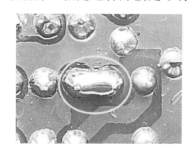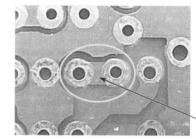

不透明的铜箔

（a）焊接后　　　　　　　　　　　（b）焊接前

图 3-3-9　焊盘连锡：两个焊点之间由不透明的铜箔相连

（2）两个焊点之间没有不透明的铜箔

对于图 3-3-10 所示的两个焊盘之间的连锡，从图 3-3-10（b）可以很清楚地看到没有焊接时焊盘的状态，圈中的两个焊点之间能看到半透明的基板，说明它们之间没有铜箔，因此这两个焊点之间的连锡就会导致它们直接短接在一起，造成短路故障，对这种情况必须进行处理，使它们分离。

焊盘连锡是否会造成短路故障，除了根据印制电路板未焊接时的状态进行判断，还可以借助产品的装配图来对照分析。图 3-3-11 所示为一张双波段收音机的装配图，图中的绿色图形就是导电图形，这样就可以根据连锡处的位置查找导电图形对应位置的连接情况，来判断是否需要进行处理了。

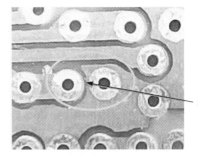

半透明的基板

（a）焊接后　　　　　　　　　　（b）焊接前

图 3-3-10　焊盘连锡：两个焊点之间没有不透明的铜箔

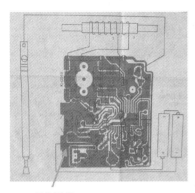

铜箔不相连

导电图形

图 3-3-11　根据装配图判断短路故障

知道了哪种情况的连锡是需要处理的，下面来介绍如何处理焊盘连锡。

方法一：用电烙铁直接分开短路点。

操作要点：先将烙铁头清理干净，之后将烙铁头放置在连锡处熔化焊锡，这时多余的焊锡会被吸附在烙铁头上，然后迅速撤走烙铁头，就能将连锡分离。

但是，有时由于连锡处的焊锡被加热过长时间，浸润性变差，无法完全吸附在烙铁头上，导致用这种方法无法将连锡分离，这时，就需要用方法二来处理。

方法二：借助镊子来进行处理。

操作要点：首先将烙铁头放置在连锡处的焊点上，使焊锡完全熔化，然后另一只手用镊子将连锡处的焊锡轻轻划开，就可以使连锡分离了。

处理连锡时要特别注意：不可在焊锡冷却的状态下处理连锡，也不能强行用力刮锉焊点，否则会导致底层铜箔断裂，甚至焊盘整体剥离基板，造成印制电路板损毁。

2．通孔元器件引脚间的短路

除了前面介绍的焊接中出现焊盘连锡有可能导致短路故障，还有一些情况也会导致短路故障，那就是元器件引脚之间的短路。

图 3-3-12（a）所示情况是发生在元件面的元器件引脚之间的短路。由于元器件

没有按照规范进行插装，裸露的金属引脚过长，导致引脚之间相互触碰而造成短路。

图 3-3-12（b）所示情况是发生在焊接面的元器件引脚之间的短路。焊接时，由于没有按照规范将引脚垂直进行焊接，导致引脚歪斜甚至倒伏，或者焊接完成修剪引脚时引脚保留过长，使元器件引脚触碰到周边引脚或焊盘而造成短路。

（a）元件面　　　　　　　　　　　　（b）焊接面

图 3-3-12　元器件引脚之间的短路

在装配与焊接过程中，每一步操作都会影响成品的质量。一定要遵照相关的工艺规范与要求进行操作，才能为后期调试打下良好的硬件基础。

另一类常见的电路故障——断路故障，可以扫描以下二维码阅读学习。

微课 3-9　断路故障的判断与处理　　文档 3-5　常见印制电路板断路故障的判断与处理

二、通孔元器件的拆焊

在装配与焊接电路时，有时会因疏忽而装错元器件；在调试的时候，也有可能发现有的元器件已经损坏，一旦出现这些情况，就需要把已经焊接好的元器件从原安装位置取下来进行更换，这个操作就是拆焊。拆焊方法不当会造成元器件、焊点的损坏，还容易引起焊盘及印制电路板导线的剥落，造成印制电路板报废。在实际操作中，拆焊难度要比焊接难度更大，因此，掌握正确的拆焊方法非常重要。关于元器件的拆焊与取孔，可扫描此处二维码。

微课 3-10
元器件的拆
焊与取孔

1．拆焊方法

（1）利用吸锡器拆焊

吸锡器是一种常用的拆焊辅助工具，如图 3-3-13 所示，它可以收集拆卸电子元器件时熔化的焊锡，使焊盘与元器件引脚或导线分离，达到拆焊的目的。

用吸锡器拆焊时，可以按以下步骤操作。

① 先将吸锡器末端的滑杆压入到底，滑杆会被锁紧机构自动锁住；

② 用电烙铁给引脚和焊盘加热，使焊锡熔化；

③ 把吸锡器吸嘴紧贴焊盘，如图 3-3-14 所示，吸嘴是抗高温的材料，所以贴在电烙铁或者焊盘和引脚上都不会有问题；

④ 按下释放按钮就能吸走焊盘孔里熔化的焊锡；

⑤ 可以重复以上步骤，直到焊锡被吸除干净，就可以从印制电路板上取下元器件了。

图 3-3-13 吸锡器

图 3-3-14 利用吸锡器拆焊

这种方法很实用，但是必须对焊点逐一除锡，而且要及时清理吸入的锡渣，效率不够高。同时，要注意根据焊盘的尺寸来选择吸力合适的吸锡器，如果用吸力很强的吸锡器吸取小焊盘上的焊锡，很可能导致焊盘脱落。

（2）利用吸锡式电烙铁拆焊

吸锡式电烙铁在任务一中已经提到过，其用于吸去熔化的焊锡，使焊盘与元器件分离。其拆焊方法与吸锡器的拆焊方法类似，这里就不赘述了，它相比吸锡器的优势在于：具有加热功能并与吸锡一并进行，一次实现拆焊。

（3）直接用电烙铁拆焊

对于引脚比较少的通孔元器件，只需用电烙铁就可以取下。操作步骤如下，拆卸图示如图 3-3-15 所示。

① 将印制电路板直立；

② 从元件面用镊子夹住需要拆焊的元器件引脚；

③ 将电烙铁放在需要拆焊的焊点上，使焊锡熔化；

④ 焊锡熔化后，用镊子向外轻轻拔出引脚；

⑤ 用同样的方法将元器件其他引脚依次拔出，就可以取下元器件。

如果元器件引脚间距比较小，无法逐一拔出，可以用电烙铁在元器件的多个引脚间快速移动，使多个引脚的焊锡同时熔化，再轻轻拔出元器件。

注意：在拔出元器件时，加热时间过长、拉动过于猛烈都会导致印制电路板上的焊盘脱落。同时，也不要在焊锡没有充分熔化的时候就使劲拔元器件，否则会导致焊盘脱落，造成印制电路板损坏。

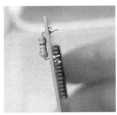 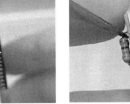 

（a）将印制电路板直立　　　（b）用镊子夹住引脚　　　（c）熔化焊锡

（d）焊锡熔化，拔出引脚　　　（e）拔出其他的引脚

图 3-3-15　使用电烙铁直接拆焊

2．取孔

拔出元器件之后，焊盘中心的插孔时常会有残留的焊锡，导致无法重新插装元器件。这时，就需要进行取孔操作。操作步骤如下，取孔操作图示如图 3-3-16 所示。

 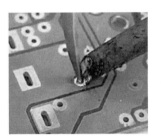

（a）熔化焊锡　　　　　　　（b）镊子插入焊盘插孔

 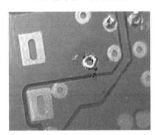

（c）移开电烙铁　　　　　　（d）拔出镊子

图 3-3-16　取孔

① 用电烙铁加热堵塞位置的焊锡，使焊锡熔化；

② 将镊子插入焊盘插孔；

③ 移开电烙铁；

④ 待焊锡冷却后，将镊子拔出。

如果取下的元器件还可以继续使用，要在重新插装之前清理引脚上的焊锡。可以用电烙铁将元器件引脚上的焊锡刮除干净，如图 3-3-17 所示。

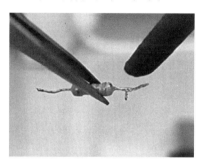

图 3-3-17　清理引脚上的焊锡

【任务评价】

通孔元器件手工装配与焊接练习任务评价表如表 3-3-3 所示。

表 3-3-3　通孔元器件手工装配与焊接练习任务评价表

考核项目	考核内容	分值	评价标准	得分
工程素养	1. 安全意识	4	注意用电安全，有良好的安全意识	
	2. 实践纪律	4	认真完成实验，不喧哗打闹	
	3. 仪器设备	4	爱惜实验室仪器设备	
	4. 场地维护	4	能保持场地整洁，实验完成后仪器物品摆放合理有序	
	5. 节约意识	4	节约耗材，实验结束后关闭仪器设备及照明电源	
故障判断	1. 判断故障类型	20	能正确判断故障类型并分析造成故障的原因，每处 4 分	
	2. 处理故障	20	能用正确的方法处理故障点，使故障得到排除，印制电路板及元器件完好，每处 4 分	
拆焊	1. 使用工具进行常见元器件的拆除	30	能拆除元器件，操作正确，元器件及印制电路板完好，每处 6 分	
	2. 取孔	10	能通开被堵住的焊盘插孔，操作正确，印制电路板完好，每处 2 分	

复 习 题

1．单选题：电烙铁的发热元件是（ 　　 ）。

A．电源线 　　　　　　B．烙铁芯

C．接线柱 　　　　　　D．手柄

2．判断题：助焊剂的作用是清除被焊物表面的氧化物质，帮助焊接。（ 　　 ）

3．单选题：进行元器件焊接操作时，应该注意电烙铁的使用。以下说法错误的是（ 　　 ）。

A．先检查烙铁线的安全性，看是否有裸露的金属，以防止漏电

B．检查烙铁头是否氧化，以便保证焊点焊接牢固美观

C．内热式电烙铁使用时不能敲打烙铁头

D．对同一个焊点，如果发现没焊好，可以反复焊接，直至焊接完好

4．单选题：元器件的安装固定方式有立式安装和（ 　　 ）两种。

A．卧式安装 　　　　　B．站式安装

C．并排式安装 　　　　D．跨式安装

5．单选题：以下图示电阻器中，符合安装规范的是（ 　　 ）。

A.　　　　　　　B.　　　　　　　C.　　　　　　　D.

6．单选题：按照以下焊接操作步骤，正确的焊接顺序是（ 　　 ）。

① 将烙铁头放在两个焊接面处加热。

② 待焊接面的焊锡均匀熔化后，再顺引脚抽走烙铁头。

③ 将焊锡丝顺烙铁头方向熔化到焊接面。

④ 待焊锡熔化适量后，抽走焊锡丝。

A．①②③④ 　　　　　B．③④①②

C．①③④② 　　　　　D．③②④①

7．单选题：进行元器件的焊接操作时，下列说法错误的是（ 　　 ）。

A．焊接插接式元器件引脚时，应保持元器件引脚直立

B．焊接元器件引脚时，应该先用电烙铁熔化焊锡，然后用沾染了焊锡的电烙铁直接焊引脚

C．同一个元器件的引脚不能反复焊接

D．焊接完一个元器件后，应该剪掉多余的引脚

8．判断题：清洁烙铁头时，将烙铁头打磨平整就可以直接焊接使用了。（　　）

9．判断题：手工焊接时，应该先撤离电烙铁再撤离焊锡。（　　）

10．判断题：焊接时，为了节约时间，可以先把大部分元器件插装在印制电路板上再焊接。（　　）

11．判断题：元器件焊接完成后，要把元器件的引脚都剪干净，不能露出焊点。（　　）

12．单选题：以下（　　）是合格的焊点。

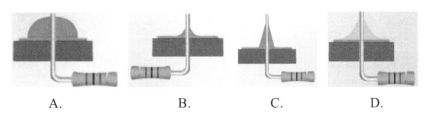

A. B. C. D.

13．多选题：下面（　　）是不良焊点的外观表现。

A．球形　　　　　B．拉尖

C．粗糙　　　　　D．焊点光亮

14．单选题：关于印制电路板，以下说法错误的是（　　）。

A．印制电路板主要由基板、导电图形、金属表面镀层和保护涂敷层构成

B．导电图形的作用是电路连接和构成部分元器件

C．多层板各层导电图形之间通过焊盘进行连接

D．阻焊层可以防止印制电路板上不需要焊接的部分浸润焊锡

15．判断题：图中圈出来的两个焊盘，如果在焊接时不小心连锡了，这种连锡情况会造成短路故障。（　　）

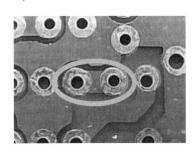

项目四 表面贴装元器件的手工焊接与简易回流焊

 项目概述

　　随着时代和科技的发展，电子生产工艺技术不断进步，表面贴装元器件在电子产品中得到广泛应用，与传统的通孔元器件相比，表面贴装元器件占用的空间更小，尺寸更轻巧，这使得电子产品可以制作得更小巧、更轻便。虽然自动化、智能化装配已成为现代化生产的趋势，但在电路的设计、试制和维修领域，手工焊接仍是很重要的方法，因此学习和掌握表面贴装元器件的手工焊接方法仍然是有必要的。

　　回流焊是伴随微型化电子产品的出现而发展起来的一种焊接技术，主要应用于各类表面贴装元器件的焊接。回流焊是利用回流焊炉进行的，它大大降低了手工焊接难度，可以满足高难度组装的要求，其焊接效率高，焊接参数一旦设置好，就可以无限复制，节省焊接时间，提高生产效率。

　　本项目由三个任务构成，包括表面贴装元器件的手工焊接、简易回流焊、表面贴装元器件常见焊接缺陷与处理。通过本项目的学习，学生可熟悉表面贴装元器件的焊接工具、材料，熟练掌握表面贴装元器件的手工焊接方法、简易回流焊操作流程和常见焊接缺陷与处理方法，为后续的项目实践打下良好的基础。

 立德培志

环境保护——SMT 绿色生产线

　　表面贴装技术（Surface Mount Technology，SMT）作为新一代电子装联技术已经应用到各个领域，使电子装联技术产生了根本的、革命性的变革，但同时它不可避免地带来了一些环境方面的问题和风险。从电子元器件的包装材料、胶水、焊锡膏、助焊剂等 SMT 工艺材料，到 SMT 生产线的生产过程，无不对环境存在这样或那样的污染，SMT 生产线越多、规模越大，污染就越严重，人类文明的进步与自然共存才是长远发展方向。

　　为了解决这些环境问题和风险，SMT 生产线已开始向"Green Line"，即绿色生产线方向发展。绿色生产线是指从 SMT 生产开始时就考虑环保的要求，分析 SMT 的每个生产环节中将会出现的污染源及污染程度，从而选择相应的 SMT 设备和工艺材料，制定相应的工艺规范，营造相应的生产条件，以科学的、合理的管理方式维护管理 SMT 生产线的生产，以满足生产的需要和环保的要求。

　　为了我们共同的家园，SMT 设计应提倡绿色设计。让 SMT 走向绿色环保方向，为我们的地球贡献一份绿。

 【任务要求】

1. 熟悉表面贴装元器件焊接工具的用途、选择及使用。
2. 掌握表面贴装元器件手工焊接方法和步骤。

 【任务内容】

将提供的各种表面贴装元器件按步骤焊接到印制电路板上，将结果填写在表 4-1-1 中。

表 4-1-1　表面贴装元器件手工焊接记录表

序号	表面贴装元器件名称	使用工具	焊接方法	焊接质量	操作是否规范

 【知识准备】

表面贴装元器件常简称为表贴元器件，因其基本都为片状结构，故直接贴装在印制电路板的表面，也常称为片式元器件。表面贴装技术，即 SMT 技术，已经成为当代主流的组装技术，它的出现对电子技术的发展起到了至关重要的作用。关于 SMT 技术的发展简史，可扫描此处二维码。

文档 4-1　SMT 技术的发展简史

　　焊接表面贴装元器件需要的基本工具有镊子、电烙铁、吸锡带，除此之外，还需要真空吸笔、热风枪、带灯管的放大镜等。下面对上述工具的作用、选择及使用做简单介绍。

　　镊子：用来夹起和放置表面贴装元器件，通常选用不锈钢且比较尖的镊子，不宜选用尖端有磁性的镊子，因为在焊接过程中，有磁性的镊子会导致元器件粘在镊子上下不来。对于一些需要防静电的集成电路，要选用防静电镊子。

　　真空吸笔：如图 4-1-1 所示，对拾取尺寸小的表面贴装元器件特别方便，对比传统镊子，避免了对元器件拾取不当造成的损坏，亦可避免碰掉周边的元器件，提高操作效率。笔身通常使用软硅胶制作，并配有不同尺寸的吸盘，操作时选择与待贴装的元器件尺寸相对应的吸盘装在吸笔嘴上，装好吸盘后，将吸盘对准元器件的中间位置，轻轻捏动笔身形成真空，完成拾取。

图 4-1-1　真空吸笔

　　电烙铁：前面已经详细介绍过，这里就不赘述了。在焊接表面贴装元器件时，电烙铁的选用类型与焊接经验和习惯都有一定的关系。初学者一般选用圆锥形烙铁头的电烙铁，因其烙铁头的面积小，对于初学手工焊接表面贴装元器件的人员比较友好，有经验的人员则更多选用斜面式烙铁头的电烙铁，操作起来会更加便捷。

　　热风枪：如图 4-1-2 所示，既可以用来焊接表面贴装元器件，又可以辅助拆卸。一般可以直接用电烙铁焊接和拆卸引脚少的表面贴装元器件，如电阻器、电容器等；对于多引脚表面贴装元器件的焊接和拆卸，利用热风枪会使操作变得更加便捷。同时，热风枪还可以提高拆卸元器件的重复使用性，可以避免损坏焊盘。对于拆卸元器件频繁的情况，需要选用性能良好的热风枪。

图 4-1-2　热风枪

吸锡带：在表面贴装元器件的手工焊接中，吸锡带也是不可缺少的一种工具，如图 4-1-3 所示。当引脚又多又密的集成电路发生引脚连锡情况时，常会用到吸锡带，它和电烙铁配合使用能够吸走多余焊锡，分开短路的引脚。焊接表面贴装元器件时不能选用吸锡器。

图 4-1-3　吸锡带

带灯管的放大镜：一般选用有底座带灯管的放大镜，如图 4-1-4 所示。灯管点亮可以使视野清晰，提高焊接的可视性。不能选用手持放大镜，因为在焊接时需要在放大镜下用双手操作。

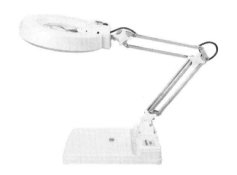

图 4-1-4　有底座带灯管的放大镜

除以上提到的工具外，焊锡丝、焊锡膏、助焊剂、酒精、清洁海绵等都是必不可少的。在焊接表面贴装元器件时，为了更好地控制给锡量，要尽可能地使用细的焊锡丝。

【实施方法】

表面贴装元器件按照结构形状分类，可分为薄片矩形、圆柱形、扁平异形等。有些焊接端完全没有引脚，有些只有非常短的引脚，有些表面贴装元器件的引脚又细又密，手工焊接这些表面贴装元器件相比焊接通孔元器件更有难度，需要勤于练习才能掌握焊接方法。

根据表面贴装元器件的封装形式和引脚数目的不同，分两种情况分别介绍焊接方法。

一、引脚较少的表面贴装元器件的手工焊接

微课 4-1　简单表面贴装元器件的手工焊接

这类元器件如图 4-1-5 所示，包括片式无引脚元器件、圆柱无引脚元器件、两端片式元器件、三端片式元器件等，通常为电阻器、电容器、二极管、三极管等。简单表面贴装元器件的手工焊接，可扫描此处二维码。

图 4-1-5　几种常见的引脚较少的表面贴装元器件的外观

其手工焊接步骤如下。

1．清洁并固定印制电路板

在焊接前，可以使用无水酒精棉球对印制电路板进行擦拭，清除污物和油迹，确保印制电路板表面干净。同时可将印制电路板固定在合适的位置以免焊接时印制电路板移动。如果没有固定位置，可在焊接时用手固定，但需要注意避免用手触碰印制电路板上的焊点。

2．定位元器件

在开始贴装之前，需要仔细阅读印制电路板的丝印图案和元器件的标识，确定元器件的方向和位置。大多数元器件在其外壳上都有标识，以表明它们的极性或方向。电阻器、电容器等无极性元器件可以在任何方向安装，而二极管、集成电路等有极性元器件则需要按照丝印图案的方向进行贴装。

3．焊盘预上锡

选取一个焊盘，用电烙铁加热并熔化一小段锡丝，使焊锡覆盖在焊盘上，此涂敷了焊锡的焊盘将用于固定元器件，如图 4-1-6（a）所示。

4．固定元器件

用镊子将元器件放到印制电路板上，注意不能碰到元器件端部的可焊位置，如图 4-1-6（c）所示，元器件的引脚和预先上锡的焊盘对齐。如图 4-1-6（d）所示，将电烙铁的尖端放在焊盘上，加热焊盘，熔化焊锡，将元器件轻轻压在焊盘上，直至焊锡凝固，形成一个良好的焊点。之后撤走电烙铁，此时，元器件的一个引脚已经固定在印制电路板上。

注意：撤走电烙铁后不能移动镊子，也不能触碰表面贴装元器件，直到焊锡凝固，否则可能会导致元器件错位，焊点不合格。

在这个阶段，记得元器件的标识面要朝上，方便以后辨识。

5．调整元器件位置

如果元器件没有完全对准焊盘，则要在焊锡熔化的状态下用镊子轻轻地推动它，使其与焊盘对齐。在这个过程中，需要用电烙铁重新加热初始焊接的焊盘。

6．完成焊接

在确认元器件位置正确后，继续对元器件的剩余引脚进行焊接。与之前类似，用电烙铁加热焊盘和元器件的引脚，同时送入焊锡丝，使焊锡均匀覆盖在焊盘和引脚上，形成可靠的连接，如图 4-1-6（e）所示。

（a）焊盘预上锡

（b）预上锡的焊盘和待焊元器件

（c）摆放元器件准备焊接

（d）固定一个引脚

（e）焊接另一个引脚

图 4-1-6　表面贴装元器件的焊接步骤

注意：焊接时间不能过久，最好控制在 2s 以内。加热时间过长会导致元器件过热，经过热传递会导致另外焊接好的一端焊锡熔化，此时如果撤走电烙铁，元器件会错位，导致焊接失败。

表面贴装阻容元件大多数时候都可用电烙铁进行焊接，但是遇到周围器件密集、烙铁头被周围器件阻挡、难以接触焊点的情况，就要考虑使用热风枪了。用热风枪焊接表面贴装阻容元件时，应选取小风嘴，风速设置为 2～3 挡，设置合适的温度，然后对元器件均匀加热，把它焊到印制电路板上。

7．检查焊接质量

完成所有焊接后，应仔细检查焊接质量，可使用放大镜查看焊点是否充分、光滑且无虚焊、无连锡等现象，合格的焊点如图 4-1-7 所示。如有需要，可以使用助焊剂和电烙铁对焊点进行修复。

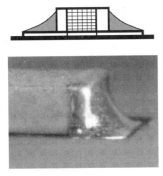
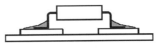

图 4-1-7　表面贴装元器件的合格焊点

8．清洁焊接区域

最后可使用无水酒精轻轻擦拭焊接区域，以去除助焊剂残留物，确保印制电路板干净、整洁，如图 4-1-8 所示。擦拭时，酒精要适量，动作要轻，不能用蛮力，以免擦伤阻焊层及损坏芯片引脚等。

图 4-1-8　用无水酒精去除助焊剂残留物

以上就是引脚较少的表面贴装元器件的手工焊接过程。

二、多引脚多面分布的片式集成电路的手工焊接

对于引脚较多的片式集成电路（也称芯片），如小外形封装（Small Outline Package，SOP）和方形扁平封装（Quad Flat Package，QFP）的集成电路，如图 4-1-9 所示，因其引脚又多又密，在焊接过程中需特别小心，避免引脚粘连、错位。且多次反复操作会导致集成电路损坏、焊盘脱落，因此在焊接过程中一定要认真、仔细，做到一次成功。

常见集成电路的手工焊接，可扫描此处二维码。手工焊接片式集成电路的步骤如下。

微课 4-2　常见集成电路的手工焊接

（a）小外形封装　　　　　　　（b）方形扁平封装

图 4-1-9　两类片式集成电路

1. 清洁并固定印制电路板

同前述引脚较少的表面贴装元器件的手工焊接步骤 1。

2. 定位元器件

同前述引脚较少的表面贴装元器件的手工焊接步骤 2。

3. 芯片预固定

用镊子夹住或者用真空吸笔吸住芯片，将其放在印制电路板上的引脚图上，用镊子轻轻推动使其对准位置，所有的引脚都要一一对应，可以用镊子或手指轻轻按住芯片中心位置帮助固定。之后用烙铁头沾一点焊锡，先固定一侧边缘位置的一两个引脚，把此引脚焊牢，如图 4-1-10 所示。注意：此时不能碰触芯片，固定芯片后不能移动，否则可能导致元器件引脚错位，焊接失败。在固定过程中可以适当调整芯片的位置，但动作要轻，之后撤离电烙铁。

图 4-1-10　芯片预固定

4. 检查引脚对齐情况

引脚密集的芯片，其所有引脚都需要与印制电路板上的焊盘对齐，位置要居中，不能偏向一侧，如果发现引脚未对齐或者有偏斜，则需要用电烙铁熔化刚刚固定的引脚上的焊锡，调整位置，再重新焊接、固定使之对齐。

5．再次固定芯片

引脚对齐后，烙铁头再沾一点焊锡，把刚刚固定引脚的对角位置上的引脚也焊牢，这样可以避免在焊接其他引脚时，集成块发生移动导致引脚错位。

6．焊接剩余引脚

有以下三种方法可供选择。

（1）点焊法：用电烙铁对引脚逐一焊接，一边加焊锡丝一边顺引脚方向轻轻向外拉电烙铁，如图 4-1-11 所示。初学者可以选用尖头电烙铁，更易上手操作。

图 4-1-11 对片式集成电路进行点焊

（2）拖焊法：将烙铁头和焊锡丝同时沿芯片的引脚从一端慢慢移动到另一端，如图 4-1-12 所示。此过程中若焊锡将芯片引脚连在一起，可将印制电路板稍微倾斜，用电烙铁再次从头到尾拉动连在一起的焊锡，焊锡会沿着芯片引脚从上到下慢慢滚落，滚到最末端的引脚时将电烙铁提起。这样，芯片一边的引脚就焊好了，按照这种方法可以焊接剩余引脚。拖焊时的动作要轻，这种方法快捷，但是若掌握不好就会大片连锡，提高后期处理的难度。

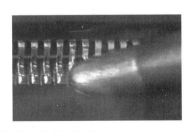

图 4-1-12 对片式集成电路进行拖焊

（3）用热风枪吹焊片式集成电路：这种方法可以不用事先固定芯片，但要先给焊盘都涂上一层薄薄的焊锡，然后按照印制电路板的丝印图案摆好芯片，给热风枪接上合适的风嘴，在芯片上方 2cm 左右的位置均匀地加热，如图 4-1-13 所示，直到焊锡熔化，再拿开热风枪，片式集成电路就焊好了。

图 4-1-13　热风枪吹焊片式集成电路

需要说明的是，在使用热风枪吹焊时，热风枪的风嘴要垂直于焊接面，距离要适中。若风嘴的角度歪斜，易造成周边的元器件损坏。热风枪的温度和风量应适当，热风温度一般为 300～400℃。若热风枪的温度设得太高，有可能把元器件烫坏，温度太低则不能熔化焊锡。需要特别注意的是，有些集成电路对焊接温度是有要求的，要按照集成电路的数据手册设置合适的温度，集成电路周围可包上高温胶带做保护。热风枪的风量如果设得太大，会把元器件吹歪甚至吹跑。通常，对于片式电阻、片式电容等小型片式元器件用 2～3 挡风量，对于一般的片式集成电路用 3～4 挡。吹焊时间也不能过长。吹焊结束时，应及时关闭热风枪电源，以免手柄长期处于高温状态，缩短使用寿命。

引脚全部焊接完成后，可按前述引脚较少的表面贴装元器件的手工焊接步骤7、8来检查引脚焊接质量和清洁焊接区域。片式集成电路的合格焊点的外观如图4-1-14所示。

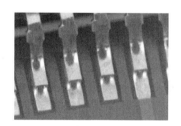 

图 4-1-14　片式集成电路的合格焊点的外观

必要时，焊接片式集成电路还要采取人体接地的措施，例如，佩戴防静电腕带、穿防静电工作鞋等。

通过以上步骤，表面贴装元器件的手工焊接工作就完成了。

三、表面贴装元器件手工焊接过程中的注意事项

1．烙铁头在焊接过程中一定要保持清洁，这一点非常重要。

2．元器件的标识面要朝上，方便以后辨识。

3．固定表面贴装元器件前，切忌将元器件引脚所有的焊盘都先上锡，这样焊接

的时候元器件会放不平，容易造成浮高。而若表面贴装元器件不紧贴印制电路板，有可能会造成焊锡残渣钻进空隙而导致短路。

4．在焊接过程中，要注意电烙铁的温度和加热时间，以防止过热损坏元器件，且要注意避免焊锡过量，以免产生连锡。

5．检查焊点。焊点的焊锡量要合适，不能过大也不能过小。如果焊锡过多，应该用吸锡带吸走多余焊锡，也可用烙铁头带走多余焊锡；如果焊锡过少，则需要加一些焊锡，直到能形成合格的焊点为止。

6．焊接过程中的助焊剂及焊锡会弄脏焊盘，需要用无水酒精进行清洁，清洁过程中应轻轻擦拭，不能用力过大。

7．需要时，可以在待焊接的焊盘上涂抹适量的助焊剂，以提高焊接速度和质量。

手工焊接表面贴装元器件时需要一定的耐心和技巧，通过不断练习和积累经验，操作者可以提高手工贴装的速度和质量。

【任务评价】

手工焊接练习任务评价如表 4-1-2 所示。

表 4-1-2 手工焊接练习任务评价表

考核项目	考核内容	分值	评价标准	得分
工程素养	1．安全意识	4	注意用电安全，有良好的安全意识	
	2．实践纪律	4	认真完成实验，不喧哗打闹	
	3．仪器设备	4	爱惜实验室仪器设备	
	4．场地维护	4	能保持场地整洁，实验完成后仪器物品摆放合理有序	
	5．节约意识	4	节约耗材，实验结束后关闭仪器设备及照明电源	
焊接用具的准备	1．电烙铁的清洁及表面贴装元器件清点	10	对电烙铁进行安全检查，烙铁头干净	
	2．按元器件清单检查元器件型号及数量	10	能按元器件清单检查元器件	
元器件引脚固定与焊接	1．元器件引脚的固定	20	元器件焊接位置、方向正确，每只 2 分	
	2．焊接操作	40	能按步骤正确焊接，操作规范，焊点正确，元器件、焊盘无损坏，每只 4 分	

任务二

简易回流焊

【任务要求】

1. 掌握涂敷锡膏的方法。
2. 掌握手工贴装方法。
3. 了解并熟悉温度曲线的定义、作用和设定。
4. 掌握简易回流焊的操作流程。

【任务内容】

将提供的各种表面贴装元器件按简易回流焊的操作步骤，完成锡膏涂敷、元器件贴装及回流焊，将结果填写在表 4-2-1 中。

表 4-2-1　简易回流焊记录表

序号	表面贴装元器件名称	锡膏涂敷	元器件贴装	温度曲线的设定	焊接质量	操作是否规范

【知识准备】

一、简易回流焊的工艺步骤

简易回流焊的工艺步骤分为三步：印刷锡膏→贴装元器件→回流焊。关于简易回流焊简介，可扫描此处二维码。

微课 4-3　简易回流焊简介

印刷锡膏：在印制电路板的焊盘上涂敷一层锡膏，其目的是保证表面贴装元器件与印制电路板相对应的焊盘在回流焊时可达到良好的电气连接，并具有足够的机械强度。

贴装元器件：用贴装机或手工将表面贴装元器件准确地贴装到涂敷焊膏的印制电路板表面相应的位置。

回流焊（Reflow Soldering）：是一种电子组件焊接技术，主要用于将表面贴装元器件与印制电路板焊接在一起。回流焊采用特制的锡膏（含有助焊剂和锡粒的混合物）作为焊接材料，通过加热使锡膏熔化，使表面贴装元器件与印制电路板焊盘焊接在一起，再通过回流焊的冷却使锡膏冷却，把元器件和印制电路板上的焊盘固化在一起形成焊点，从而实现电子元器件的连接和固定。

二、简易回流焊的材料及工具

1．针筒锡膏：一种常用的电子焊接材料，它可以方便地将焊锡涂抹在需要焊接的印制电路板焊盘上，从而实现焊接的目的。在使用针筒锡膏时，需要注意其使用方法，以确保焊接的质量和效果。针筒要配合推杆和针头一起使用，手动给焊盘上锡，如图 4-2-1 所示。针筒锡膏有不同类型，有高温锡膏、中温锡膏、低温锡膏，也有含铅锡膏、无铅锡膏，要根据焊接的表面贴装元器件选择合适的锡膏。针头也有不同规格的尺寸，要根据需要的出锡量来选择针头。出锡需要过程，不能使用蛮力。如果焊盘又小又密，太粗的针头挤出来的锡浆太多，如果焊盘大，针头细，挤的时候不容易出锡。

图 4-2-1　针筒锡膏、推杆与针头

锡膏的保存也有讲究，需要保存在 $0\sim10℃$ 的环境下，不可放置于阳光照射处，通常放于冰箱冷藏存放。使用前须将锡膏温度回升到使用的环境温度（$25\pm3℃$），回温时间为 $3\sim4h$，禁止使用其他加热器使其温度瞬间回升。锡膏使用后也要马上放进冰箱冷藏，一定要注意不能对锡膏冷冻存储。

2．手动丝印台和钢网：如图 4-2-2 所示，手动丝印台的作用是固定印制电路板；钢网的作用是用刮刀将锡膏漏印到印制电路板的焊盘上，为表面贴装元器件的贴装做好准备。钢网需根据印制电路板上表面贴装元器件的位置来加工，钢网上的孔位对应焊盘的位置，使得锡膏能够均匀地粘贴在印制电路板上。

3．回流焊炉：也叫再流焊炉或回流炉，表面贴装技术中小批量生产加工、研发打样、实验教学等多种应用场景一般多采用简易的抽屉式回流焊炉，如图 4-2-3 所示。它是靠气体在炉膛内循环流动产生高温，使锡膏受热熔化，从而让表面贴装元器件和印制电路板焊盘通过锡膏可靠地结合在一起的设备。

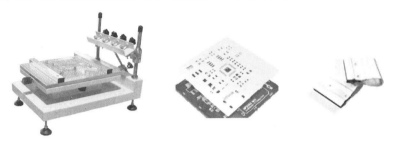

图 4-2-2　手动丝印台、钢网与刮刀

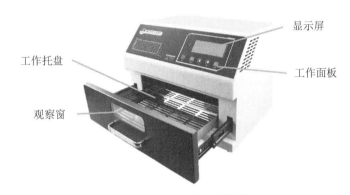

图 4-2-3　抽屉式回流焊炉

简易的抽屉式回流焊炉的工作托盘用来放置要焊接的印制电路板；通过观察窗可以实时查看炉内焊接情况；显示屏用来显示设置状态和参数及当前的运行状态和参数；使用工作面板可进行机器操作和运行参数的设定。

三、简易回流焊的温度曲线

简易回流焊炉通常采用温度曲线来控制整个焊接过程。温度曲线是指片式元器件通过回流焊炉时，元器件的某一引脚上的温度随时间变化的曲线。温度曲线是保证焊接质量的关键，它对获得最佳的可焊性、避免由于超温而对元器件造成损坏都起到很大作用。简易回流焊的温度曲线一般分为预热段、加热段、焊接段、保温段及冷却段这 5 个阶段。通常简易回流焊炉都有预先设定好的参考温度曲线，操作者也可根据实际情况来调节各阶段的温度点和相应的时间，以适应表面贴装元器件和印制电路板的不同要求。

1．预热段

在室温下将印制电路板和元器件加热到 120～150℃，使锡膏中的水分充分挥发，以防锡膏塌落和发生飞溅，此阶段是下一个温度段的平缓过渡，时间一般控制在 1～5min，具体的情况视印制电路板的大小和元器件的多少而定。

2．加热段

在这个阶段要激活锡膏中的助焊剂，并在助焊剂的作用下去除元器件引脚、焊盘及锡膏中的氧化物，为焊接过程做好准备。此阶段要根据使用焊料的类型来设定温度。通常，有铅合金焊料和贵金属合金焊料的温度设置为 150～180℃；中温的有铅合金焊料的温度一般设置为 180～220℃；高温的无铅合金焊料的温度一般设置为 220～250℃。如果手头有所用锡膏的资料，加热段的温度可以设置为低于锡膏的熔点 10℃左右。同时，要注意被焊元器件的耐温值。

3．焊接段

此阶段主要完成表面贴装元器件焊接的过程，此阶段温度继续上升，应达到峰值温度及锡膏熔点以上温度。一般峰值温度比锡膏资料提供的熔点高 30～50℃，使锡膏在该温度区间内完全熔化，液态焊锡对焊盘和元器件引脚润湿、扩散、浸流从而形成焊点。

此阶段时间一般设为 10～30s，大面积和有较大元器件遮阴面的印制电路板应设置较长的时间；面积小、元器件少的电路板一般设置较短时间。为了保证回流焊质量，应尽可能地缩短这个阶段的时间，这样有利于保护元器件。

4．保温段

保温段是指停止加热，用余温来让高温液态焊锡凝固在固态的焊点上。此阶段的温度点一般设置得比焊锡熔点低 10～20℃，下降到这个温度点后就可以进入冷却段。

5．冷却段

冷却段的作用比较简单，通常是冷却到不会烫人的温度就可以了。但为了加快操作流程，也可以在下降到 150℃以下时结束该过程。但取出焊好的印制电路板时，要用工具或戴耐温手套取出，以防烫伤。

在焊接过程中若要达到最佳焊接效果，回流时应充分参考厂商提供的温度曲线，并根据焊接现场的实际情况进行调试。

 【实施方法】

下面介绍简易回流焊的操作步骤，可扫描此处二维码。

一、涂敷锡膏

提前从冰箱取出锡膏进行回温。

微课 4-4　简易
回流焊的操作

在涂敷锡膏之前，要先将焊接表面进行清洁，以便更好地接受锡膏，可以使用无水酒精或清洁剂进行清洁。锡膏的涂敷可以采用两种方式：手动挤锡膏和丝网印刷。

1. 手动挤锡膏

先将针头和推杆装到针筒上。逆时针旋转打开管盖，顺时针旋转装上针头，打开底部封盖，这里要注意针筒内的白色胶塞不能取下，之后装上推杆就可以使用了，如图 4-2-4 所示。

（a）逆时针旋转打开管盖　　（b）顺时针旋转装上针头　　（c）打开底部封盖

（d）白色胶塞不能取下　　　（e）装上推杆

图 4-2-4　安装针头和推杆

将针筒锡膏的针头对准需要焊接的焊盘，轻轻推动推杆，将锡膏涂抹在焊盘上。在涂抹时，需要控制好涂抹的厚度和均匀度，以确保焊接的质量和效果。如果涂抹过厚或不均匀，可能会导致焊接不牢固或出现焊接不良的情况。

鉴于焊锡在高温熔化后显示为液态，所有的表面贴装元器件会浮在液态焊锡的表面，在助焊剂和液态表面张力的作用下，浮动的元器件会移到焊盘的中心，有自动归正的趋势，因此可以直接涂敷一排焊盘，以提高操作效率，如图 4-2-5 所示。

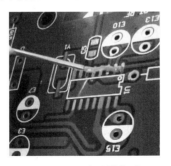

图 4-2-5　手动挤锡膏

在涂抹完针筒锡膏后，需要将针头和推杆从针筒中拔出，用无水酒精或者其他清洁剂将针头中的残留物清洁干净，以便下次使用。

2．丝网印刷

印刷锡膏时，将钢网固定在丝印台上，通过手动丝印台上的上下左右旋钮，在丝印平台上确定印制电路板的位置，并将此位置固定；将所需涂敷锡膏的印制电路板放置在丝印平台和钢网之间，在丝网板上放置回温好的锡膏，保持钢网和印制电路板平行，用刮刀将锡膏均匀地刷在印制电路板上，如图 4-2-6 所示。在使用过程中应注意要对钢网用无水酒精及时清洁，防止锡膏堵塞钢网的漏孔。

图 4-2-6　钢网孔对准印制电路板焊盘，把锡膏刷上去

在使用锡膏时，需要戴上手套和口罩，以保护自己的安全。未使用完的锡膏要密封好，放入冰箱保存。

二、表面贴装元器件的贴装

用镊子或真空吸笔将待焊接的表面贴装元器件放置在已经涂敷了锡膏的焊盘上，如图 4-2-7 所示。无论放置何种元器件，都应注意对准位置，如果错位，则必须用无水酒精清洁印制电路板，重新涂敷锡膏，重新放置元器件。

图 4-2-7　把表面贴装元器件放置在涂敷了锡膏的焊盘上

三、回流焊

将锡膏铺布在印制电路板上并完成元器件贴装和固定后，用镊子夹住印制电路板空白处，放于回流焊炉的抽屉内的居中位置，如图 4-2-8 所示。单击设置按钮，选择温度曲线，按预设好的焊接程序进行焊接，如图 4-2-9 所示。

可以通过观察窗实时查看炉内焊接情况。焊接结束后，在取出焊好的印制电路板时要用工具或戴耐温手套取出，以防烫伤。

完成所有焊接后，仔细检查焊接质量，可使用放大镜查看焊点是否充分、光滑且无虚焊、无连锡等现象。

图 4-2-8 印制电路板居中放入回流焊炉的抽屉内

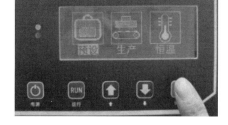
图 4-2-9 选择温度曲线，开始焊接

需注意的是，对于温度曲线一般应从低温调起，满足回流焊要求后，尽可能地降低回流焊的温度。也可以通过适当地延长回流焊时间来降低温度。有些元器件确实达不到温度要求，可以采用后焊的方式来解决。

目前，大型电子产品生产企业均已采用表面贴装元器件的自动化生产工艺，其工艺流程与常用设备介绍，可扫描此处二维码。

文档 4-2 SMT 自动化生产工艺流程与常用设备

【任务评价】

简易回流焊练习任务评价表如表 4-2-2 所示。

表 4-2-2 简易回流焊练习任务评价表

考核项目	考核内容	分值	评价标准	得分
工程素养	1. 安全意识	4	注意用电安全，有良好的安全意识	
	2. 实践纪律	4	认真完成实验，不喧哗打闹	
	3. 仪器设备	4	爱惜实验室仪器设备	
	4. 场地维护	4	能保持场地整洁，实验完成后仪器物品摆放合理有序	
	5. 节约意识	4	节约耗材，实验结束后关闭仪器设备及照明电源	
简易回流焊	1. 锡膏涂敷	20	锡膏涂敷均匀，每只 2 分	
	2. 元器件的贴装	20	元器件贴装方向正确，位置准确，每只 2 分	
	3.温度曲线的设定	20	能正确对温度曲线各阶段温度和持续时间进行设置，操作规范，每个阶段 4 分	
	4. 焊接质量	20	元器件焊接质量合格，无明显焊接缺陷，每只 2 分	

表面贴装元器件常见焊接缺陷与处理

【任务要求】

1. 掌握表面贴装元器件常见焊接缺陷及处理方法。
2. 掌握表面贴装元器件拆焊的方法。

【任务内容】

1. 判断不良焊点的成因并对其进行处理，将结果填写在表 4-3-1 中。

表 4-3-1　焊点质量判断及焊接缺陷处理记录表

序号	焊点质量	不良焊点类型	成因	处理方法	操作是否规范

2. 分别用电烙铁和热风枪对部分元器件进行拆焊练习，将结果填写在表 4-3-2 中。

表 4-3-2　拆焊记录表

序号	元器件名称	拆焊工具	是否拆下	元器件或焊盘是否损伤及原因分析	操作是否规范

【知识准备】

表面贴装元器件焊接中常见的焊接缺陷有连锡、偏移、锡珠、立片、冷焊和少锡等，可扫描此处二维码，下面来逐一进行介绍。

1. 连锡：如图 4-3-1 所示，错误连接两个或多个相邻焊盘，在焊盘之间接触形成导电通路，是焊接时较易出现的问题，尤其是在引脚又多

微课 4-5　表面贴装元器件的常见焊接缺陷

又密的集成电路中特别常见。连锡大多是由锡膏过量、锡膏印刷后严重塌边或者元器件贴装偏移等引起的。

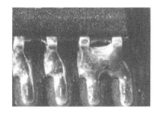

图 4-3-1 连锡

预防措施：

（1）控制加锡量，如果是用钢网印刷锡膏，还要注意使锡膏印在焊盘的中央位置；

（2）元器件的贴装位置要居中，引脚要与焊盘对应整齐；

（3）焊接前，在焊盘上加一点助焊剂，有助于去除表面的氧化层，改善焊料的润湿铺展性能，就会减少连锡的情况。

2．偏移：元器件的端子或者引脚移出了焊盘，如图 4-3-2 所示。产生偏移多是因为元器件贴装偏移、手工焊接操作不当，或者使用回流焊炉时，焊锡量小且涂敷不均匀，回流时张力拉动元器件使其移位。

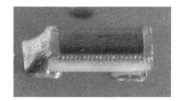

图 4-3-2 偏移

预防措施：注意贴装位置并施加适量焊锡。

3．锡珠：锡珠是指焊接过程中，在印制电路板的非焊接点位形成分散的焊锡小球，如图 4-3-3 所示。锡珠的产生多是在回流焊过程中急速加热而使锡膏飞散所致的。另外，锡膏的印刷错位、塌边、污染等也会产生锡珠。

图 4-3-3 锡珠

预防措施：

（1）注意锡膏印刷良好；

（2）适当调整回流焊炉的温度曲线，使温度缓慢上升，避免过急加热。

4．立片：又叫立碑，即曼哈顿现象。是指矩形片式元器件的一端焊接在焊盘上，而另一端翘立的现象，如图 4-3-4 所示。引起这种现象的主要原因是：焊盘涂敷锡量较小或两边锡量不均匀，锡膏熔化时表面张力随之减小，造成立片；元器件贴装偏移，回流焊时，与元器件接触较多的锡膏端得到更多的热量而先熔化，从而把另一端拉起形成立片。

图 4-3-4　立片

预防措施：

（1）元器件贴装在两焊盘的正中间；

（2）涂敷适量的锡膏，并注意平整度；

（3）使用简易回流焊炉时，调整其温度曲线的参数，使印制电路板充分且均匀受热，使元器件两端的锡膏能同时充分熔化。

5．冷焊：锡膏在焊接过程中未彻底熔化，存在像细沙一样的颗粒，焊点表面无光泽，如图 4-3-5 所示。冷焊主要是因焊接温度偏低、焊接时间偏短、焊膏未完全熔化而形成的。

图 4-3-5　冷焊

预防措施：调整焊接温度和焊接时间。

6．少锡：焊锡量太小，元器件没有与焊盘和锡膏完全熔接在一起，如图 4-3-6 所示。这是因为焊接温度不够，造成锡膏与元器件熔接时未完全浸润，或者元器件引脚、焊盘氧化，导致拒焊。另外，元器件引脚浮起和焊盘锡膏充填不足也会导致少锡。

图 4-3-6　少锡

预防措施：焊接前清洁元器件和焊盘，把元器件贴装到焊盘的中间位置，调整焊接温度，施加适量的焊锡。

【实施方法】

表面贴装元器件在焊接中出现了焊接缺陷该如何处理呢？除连锡外，偏移、锡珠、立片、冷焊和少锡这几种情况的处理方法基本类似，可以采用补焊的方法或者把元器件取下重新焊接。下面来详细介绍连锡的处理和拆焊元器件的方法，可扫描此处二维码。

微课 4-6　常见集成电路的连锡处理与拆焊

一、连锡的处理方法

1．直接用电烙铁处理

给连锡的引脚加上助焊剂或者重新加一些焊锡，再用电烙铁加热连锡的引脚和焊盘，并顺引脚方向向外拖动电烙铁，如图 4-3-7 所示。

图 4-3-7　用电烙铁直接处理芯片连锡

助焊剂可以减小表面张力，提高流动性，改善焊锡对印制电路板表面的浸润铺展性能，所以加上助焊剂再用电烙铁加热的时候，焊锡在引脚和焊盘表面上充分润湿铺展开，就不会再粘连，多余的焊锡也会铺展到烙铁头上，被电烙铁往外拉时带走，而新加的焊锡里也有助焊剂，也可以起到这样的作用。

焊接 SOP、QFP 封装的多引脚芯片时，在用电烙铁清理连锡引脚时可以将印制电路板竖起来与桌面成一定倾角，使引脚向下，然后用电烙铁靠近连锡处，焊锡熔化后，顺引脚方向轻轻向外拉动电烙铁，连锡处的引脚就可以分开了。如果用电烙铁顺引脚方向拉动熔化的焊锡但感到黏稠分不开时，就需要给连锡的引脚加上适量的助焊剂或重新加一些焊锡，再用电烙铁靠近连锡处，重新熔化焊锡，并顺引脚方向拉动电烙铁。

2．用吸锡带处理

这种方法是将适当长度的吸锡带置于连锡的位置上，用电烙铁轻压加热，如图 4-3-8 所示，焊锡熔化后即被吸锡带吸取，连锡的引脚会随之分开。需要注意的是，焊锡一经吸取，就移开电烙铁和吸锡带，如果吸锡带被粘在焊盘上，不要用力拉扯，而应重新用电烙铁加热后再轻拉吸锡带使其顺利脱离焊盘，并要防止烫坏周围元器件。

图 4-3-8　用吸锡带处理连锡

二、拆焊表面贴装元器件的方法

1．拆焊电阻、电容等小表面贴装元器件一般用电烙铁，方法简单易操作，将电烙铁对准元器件焊接处稍稍加热，轻轻一推就能下来。

2．拆焊片式集成电路的方法。

（1）用电烙铁拆焊

对于两侧都有引脚的集成电路，如 SOP 封装芯片，操作方法是：在两排引脚上都先加充足的焊锡，如图 4-3-9 所示，然后用电烙铁快速交替加热，使焊锡都熔化，在焊锡冷却凝固以前，快速地用镊子将芯片取下来，最后清洁焊盘、清洁芯片。这里的关键技巧在于加上充足的焊锡和快速取芯片，这种方法对于初学者来说有一定的难度。

图 4-3-9　给引脚加充足的焊锡

对于四面都是引脚的 QFP 封装元器件，就不能用电烙铁进行拆卸。即使给四排引脚都加上充足的焊锡，并快速分别加热，也难以让所有的焊锡都同时保持熔化状态，芯片无法取下，这时就要选择热风枪来拆焊了。

（2）用热风枪来拆焊

针对不同的表面贴装元器件，要选用合适的风嘴，并调整好热风枪的出风量和温度。对小表面贴装元器件，一般采用小风嘴，温度调至 2～3 挡，风速调至 1～2 挡。待温度和气流稳定后，用镊子夹住小表面贴装元器件，把风嘴放在距离元器件 2～3cm 的高度，并保持垂直，在元器件上方均匀加热，待元器件焊点的焊锡熔化后，用镊子将其取下。

用热风枪拆焊片式集成电路，可采用大风嘴，温度可调至 3～4 挡，风量可调至 2～3 挡，把风嘴放在距离芯片 2cm 左右的高度，面对各排引脚转着吹，这样芯片周围就可以均匀地受热，待芯片引脚上的焊锡全部熔化，用镊子就能直接把芯片拿下来了。

需要说明的是，用热风枪拆焊表面贴装元器件，要注意是否会影响周围的元器件。另外，表面贴装元器件取下后，印制电路板会有残留的焊锡，需要用电烙铁将余锡清除。

【任务评价】

表面贴装元器件常见焊接缺陷与处理练习任务评价表如表 4-3-3 所示。

表 4-3-3　表面贴装元器件常见焊接缺陷与处理练习任务评价表

考核项目	考核内容	分值	评价标准	得分
工程素养	1. 安全意识	4	注意用电安全，有良好的安全意识	
	2. 实践纪律	4	认真完成实验，不喧哗打闹	
	3. 仪器设备	4	爱惜实验室仪器设备	
	4. 场地维护	4	能保持场地整洁，实验完成后仪器物品摆放合理有序	
	5. 节约意识	4	节约耗材，实验结束后关闭仪器设备及照明电源	
焊点检查	1. 判断焊点质量	10	能正确判断焊点质量，每处 2 分	
	2. 说明焊点缺陷原因	10	能正确说明焊点缺陷原因，每处 2 分	
	3. 正确补焊及处理焊点缺陷	20	能处理焊点缺陷，操作正确，元器件、焊盘完好，每处 4 分	
	4. 用电烙铁拆焊	20	能将表面贴装元器件拆下，操作正确，元器件、焊盘完好，每个 4 分	
	5. 用热风枪拆焊	20	能将表面贴装元器件拆下，操作正确，元器件、焊盘完好，每个 4 分	

复　习　题

1. 判断题：在手工焊接表面贴装元器件的过程中，任何类型的镊子都可以用来夹取表面贴装元器件。（　　）

2. 判断题：在焊接表面贴装元器件时，应将元器件紧贴电路板。（　　）

3. 选择题：请选出如下图所示的两端表面贴装元器件的正确焊接步骤。（　　）

    A．给两个焊盘上锡→元器件摆放，准备焊接元器件→固定一个引脚→调整位置→焊接另一个引脚

    B．先给其中一个焊盘上锡→元器件摆放，准备焊接元器件→固定一个引脚→调整位置→焊接另一个引脚

    C．元器件摆放，准备焊接元器件→调整位置→固定一个引脚→焊接另一个引脚

    D．元器件摆放，准备焊接元器件→固定一个引脚→调整位置→焊接另一个引脚

4. 判断题：固定表面贴装元器件前，应将元器件引脚所有的焊盘都先上锡。（　　）

5. 判断题：表面贴装阻容元件只能用电烙铁来焊。（　　）

6. 多选题：集成电路固定好后，剩余引脚可以采用的焊接方式有（　　）。

    A．点焊

    B．拖焊

    C．热风枪吹焊

    D．只需焊接对角位置两个引脚

7. 多选题：焊接右图中所示的 SOP 封装集成电路时，应注意（　　）。

    A．集成电路的方向和电路板上丝印图案的方向要一致

    B．引脚与焊盘一一对应，位置居中

    C．用电烙铁焊接时，应先固定一两个引脚

    D．焊接时，为了避免连锡，必须采用点焊方式逐一焊接各个引脚

8. 判断题：焊接题 7 图所示的集成电路时，只需焊接几个引脚将集成电路固定在电路板上就可以了，不需要把所有引脚都焊接好。（　　）

9. 判断题：锡膏要放进冰箱冷藏保存，使用前须将锡膏温度自然回升到使用环境温度。（　　）

10．判断题：简易回流焊工艺分为三步——涂敷锡膏、贴装元器件、回流焊。（　　）

11．判断题：简易回流焊的温度曲线一般分为预热段、加热段、焊接段、保温段及冷却段这 5 个阶段。（　　）

12．多选题：下面图片中的合格焊点有（　　）。

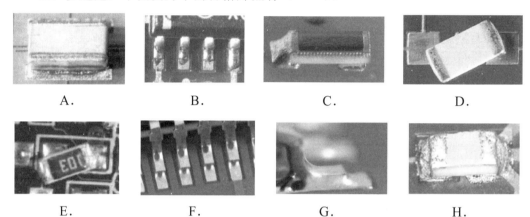

A.　　　　　　B.　　　　　　C.　　　　　　D.

E.　　　　　　F.　　　　　　G.　　　　　　H.

13．判断题：表面贴装元器件在焊接中若出现焊接缺陷，就必须把元器件取下并重新焊接。（　　）

项目五　双波段收音机的装配、焊接与调试

 项目概述

　　收音机作为经典接收系统电路，涵盖了无线接收系统电路从高频到低频的完整知识环节。调幅/调频双波段收音机涉及音频信号的两种调制和解调方式，超外差式收音机关联一次变频技术。学习者在收音机的装配与检测实践学习过程中，能够对这些知识进行初步接触，建立对通信原理的简单直观认知，为后续学习相关原理奠定基础。

　　以通孔元器件为主要元器件的超外差式调幅/调频双波段收音机产品，具有容易上手、易于实现电路功能、易于检测和调试、性能稳定可靠的特点。产品关联的知识点也便于学习者进行拓展和延伸，对于电子装配学习与实践的初学者，是一种比较友好的学习产品。

　　本项目由两个任务构成，包括收音机的装配与焊接及超外差式收音机的调试与整机组装。通过本项目的学习，学习者可以了解收音机的基本原理，巩固元器件的识别、检测方法和手工焊接技术，掌握收音机电路的简单检测方法，为后续的学习与实践奠定基础。

 立德培志

不弃微末，不舍寸功——我国无线通信砥砺发展

　　无线通信是利用电磁波信号可以在自由空间中传播的特性进行信息交换的一种通信方式。无线通信主要包括微波通信和卫星通信。

　　无线通信的历史，从古代的烟雾信号到当今的无线电通信、从电报到 5G 网络，经历了漫长而丰富的历程。我国的无线通信技术从一穷二白起步，历经 70 多年的发展，如今我国已经成为全球信息通信大国，这是成千上万名科学家、工程师和研究人员辛勤劳动的结果。

我国移动通信从 1G 到 5G，拥有全球最大的移动网络和最大的电信设备供应商。近年来，我国 5G 不断发展，锐意前行。目前，我国已经建成了全球最大的 5G 网络。更难能可贵的是，在我国 5G 的发展过程中，产业各方探索出了一套先进信息技术与经济社会民生融合发展的行之有效的方法论，为 5G 持续演进、深化赋能经济社会大开了方便之门。

我国自 20 世纪 60 年代初开始研制微波接力通信系统和人造地球卫星，标志着我国已有能力依靠自身力量涉足卫星通信领域。近 20 年来，我国卫星通信在多领域取得长足发展。2016 年，我国成功发射了世界首颗量子科学实验卫星"墨子号"，开启了量子卫星通信的先河。

收音机的装配与焊接

【任务要求】

1. 熟练掌握超外差式调幅/调频双波段收音机相关电子元器件的识别与检测方法。
2. 熟练掌握超外差式调幅/调频双波段收音机相关电子元器件的手工装配与焊接工艺规范。

【任务内容】

1. 根据超外差式调幅/调频双波段收音机的电路原理图，识别套件中各种元器件的类型、标称值、允许偏差及其他相关参数，并完成实践记录册相关内容的填写。
2. 使用数字万用表检测电阻器、电容器、电感器、发光二极管、扬声器、开关与接插件等元器件，并完成实践记录册相关内容的填写。
3. 按照电子元器件装配与焊接工艺规范，完成相应电子元器件的装配与焊接。

【实施方法】

一、收音机元器件的识别与检测

根据项目一及项目二中电子元器件的识别与检测方法，按照表 5-1-1 所示的收音机元器件清单，完成收音机套件中相关电子元器件的清点、识别与检测，并将识别与检测结果填写在实践记录册中。经检测发现不合格的元器件，需要及时更换为合格完好的元器件。

表 5-1-1　收音机元器件清单

器件编号	型号及规格	名称及作用	器件编号	型号及规格	名称及作用
RV1	50kΩ	音量电位器/带开关	L3	2.5T 空芯线圈	FM 本振回路电感
R2	680Ω	电源指示电阻	L4	红色中周样	AM 本振回路电感
R3	2.2kΩ	AM 中频输入电阻	L5	3.5T 空芯线圈	FM 输入回路电感
R4	330Ω	FM 中频输入电阻	T1	黄色中周	AM 中频选择回路中周
R5	100kΩ	AFC 反馈电阻	T2	粉色中周	FM 鉴频外接中周

续表

器件编号	型号及规格	名称及作用	器件编号	型号及规格	名称及作用
C1	30pF	带通滤波电容	CF1	SFU 455B	AM 中频选择回路陶瓷滤波器
C2	30pF	带通滤波电容	CF2	FE 10.7 EK	FM 中频选择回路陶瓷滤波器
C3	30pF	带通滤波电容	IC1	CD1691CB	收音机集成电路
C4	0.01μF（103）	高频地滤波电容	VC1-4	CBM433DF	四联电容
C5	20pF	FM 高放回路电容	K1	SK2302	FM/AM 波段开关
C6	22pF	FM 本振回路电容	Phone	ST-02	立体声耳机插座
C7	150pF	AM 本振回路电容	BL	Φ36mm/8Ω	扬声器
C8	1pF	AFC 控制电容		3mm×8mm×40mm	磁棒，三端天线线圈内
*C9	4.7μF	音量外接电容			磁棒支架
C10	15pF	FM 相移外接电容			FM 拉杆天线
C11	0.01μF（103）	静音外接电容			小焊片
C12	0.01μF（103）	波段控制电容		前盖、后盖	机壳
C13	100pF（101）	AM 中频耦合电容		大旋钮	四联电容拨盘
*C14	4.7μF	AGC/AFC 自举电容		小旋钮	音量电位器拨盘
*C15	10μF	AGC/AFC 外接电容			拨动开关拨片
C16	0.022μF（223）	去加重回路电容			电池片/3 片
*C17	10μF	纹波滤波电容			跨接线/5 根
*C18	220μF	电源滤波电容		2045PCB	印制电路板
C19	0.1μF（104）	音频高频滤波电容		平头 M2.5×4mm 4 只 平头 M1.6×5mm 1 只 自攻 M2×4mm 1 只 自攻 M2×8mm 1 只	螺钉
C20	0.1μF（104）	音频耦合电容			
C21	0.047μF（473）	电源滤波电容			
*C22	220μF	音频输出耦合电容			
*C23	10μF	高频地滤波电容			
C24	0.01μF（103）	高频地滤波电容			
L1	三端天线线圈	AM 输入回路电感			
L2	3.5T 空芯线圈	FM 高放回路电感			

注：*表示电解电容。

超外差式调幅/调频双波段收音机的主要元器件外形如图 5-1-1 所示。

集成电路　　　色环电阻　　　瓷介电容　　　空芯线圈

图 5-1-1　超外差式调幅/调频双波段收音机的主要元器件外形

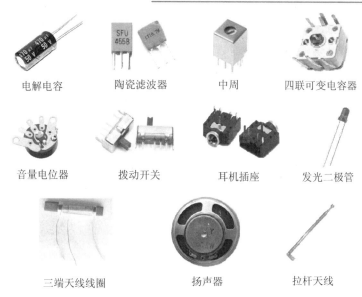

图 5-1-1　超外差式调幅/调频双波段收音机的主要元器件外形（续）

二、收音机元器件的手工安装与焊接

电子元器件的手工安装和焊接应该符合电子装联工艺规范。手工安装电子元器件的一般顺序是：从小到大、从低到高、从里到外、从轻到重、从普通到精密、从一般到特殊，需要用支架固定的和形状特殊的元器件最后安装。收音机元器件的参考安装顺序如图 5-1-2 所示。

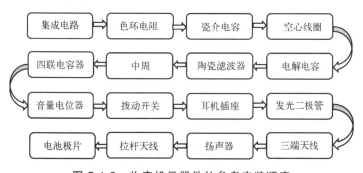

图 5-1-2　收音机元器件的参考安装顺序

三、各元器件装配注意事项

关于收音机主要元器件的装配与焊接，可扫描此处二维码。

1. 集成电路：型号为 CD1691CB（SOP28），是表面贴装元器件。安装时注意引脚识别，1 号引脚贴装在印制电路板焊接面的相应位置，如图 5-1-3 中的画圈位置所示。集成电路贴装在焊接面上，摆放要居中，

微课 5-1　收音机主要元器件的装配与焊接

各引脚与焊盘对齐，不能错位。焊接时，可先焊接两个或四个对角，以便固定集成电路，再焊接其他引脚。焊接完成时，各引脚不应存在短路现象。

2. 色环电阻：采用卧式安装。先按照印制电路板上色环电阻的孔距，把电阻引脚弯制成形，插入电阻对应位置的通孔，贴板安装，然后进行焊接并剪掉多余的引脚，如图 5-1-4 所示。

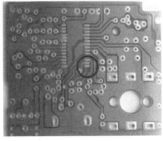

图 5-1-3　集成电路的安装

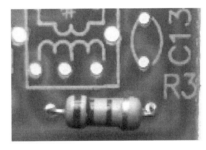

图 5-1-4　色环电阻的安装

3. 瓷介电容：采用立式安装。根据瓷介电容的体积，按照从小到大的顺序，依次在印制电路板的对应位置插入瓷介电容，进行焊接并剪掉多余引脚。注意瓷介电容的标识应朝向易于观察的方向，尽量贴板安装，如图 5-1-5 所示。

图 5-1-5　瓷介电容的安装

4. 空心线圈：采用立式安装。如图 5-1-6 所示，注意三个空心线圈的匝数不同，不能装错位置；安装空心线圈时注意保持线圈形状，不能用力过度，否则会导致线圈发生形变。焊接时，应在裸露的银色引脚处焊接。

5．电解电容：采用立式安装。电解电容的极性不能装反，如图 5-1-7 所示，印制电路板上绘有横线的半圆一侧为负极；安装时电解电容应垂直于板面并贴板安装，避免歪斜。

图 5-1-6　空心线圈的安装

图 5-1-7　电解电容的安装

6．陶瓷滤波器和中周：采用立式安装。如图 5-1-8 所示，安装陶瓷滤波器时，需要把陶瓷滤波器的标识朝外，背靠背安装。三个中周的磁帽颜色不同，根据印制电路板标注的中周颜色，把中周垂直于板面插入对应位置的插孔并焊接。

图 5-1-8　陶瓷滤波器和中周的安装

7．四联可变电容器：采用立式安装。常用的四联可变电容器有两种封装方式，其特殊引脚形式不同，如图 5-1-9 所示。安装四联可变电容器时应注意，将特殊引脚安装在图中印制电路板的方框所示位置的插孔中，不能装反方向。

8. 音量电位器、拨动开关及耳机插座：各引脚插入对应的插孔，摆放端正安装，如图 5-1-10 所示。焊接耳机插座时，应注意控制焊接时间，避免过热造成塑料变形。

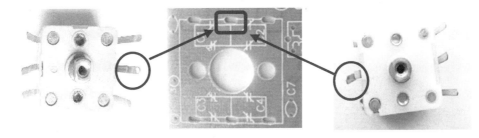

图 5-1-9　四联可变电容器的安装

图 5-1-10　音量电位器、拨动开关及耳机插座的安装

9. 发光二极管：作为电源指示灯安装于焊接面，如图 5-1-11 所示。注意其正、负极性应与板上标注一致，摆放端正。确定安装高度时应与外壳上的电源指示窗口进行比对，避免过高或过低。

图 5-1-11　发光二极管的安装

10. 三端天线线圈：安装时注意区分三个引脚的编号，如图 5-1-12 所示，插入印制电路板上对应编号的插孔中安装。三端天线的中心磁棒易碎，注意不要跌落。天线各引脚的金色部分有绝缘层，焊点在各引脚末端的银色部分，勿剪断各引脚。三端天线线圈焊接完成后，可在磁棒上安装磁棒支架，并将支架卡在印制电路板的凹槽处，以便固定三端天线。关于收音机外围元器件的装配，可扫描此处二维码。

微课 5-2　收音机外围元器件的装配

图 5-1-12　三端天线线圈的安装

11.扬声器：扬声器通过导线与印制电路板相连，安装方式和焊接方法如图 5-1-13 所示。

图 5-1-13　扬声器的安装方式与焊接方法

12.拉杆天线与焊片：拉杆天线通过导线和焊片与印制电路板相连，如图 5-1-14 所示。先将焊片小孔一端焊接在导线上，再将导线另一端插入印制电路板上的天线插孔并焊接，然后将拉杆天线插入后盖插槽，将焊片垫入天线与后盖之间，最后使用螺钉将后盖、天线及焊片固定。

图 5-1-14　拉杆天线的安装

13.电池极片：包含正极片、负极片和连接片。电池正、负极片通过导线与印制电路板相连，应注意红线接正极片、黑线接负极片，连接方式如图 5-1-15 所示。连接片直接插入前盖插槽，无须焊接。

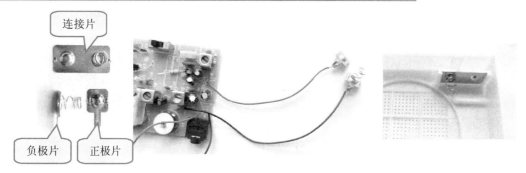

图 5-1-15　电池极片的安装

【任务评价】

收音机元器件的装配与焊接任务评价表如表 5-1-2 所示。

表 5-1-2　收音机元器件的装配与焊接任务评价表

考核项目	考核内容	分值	评价标准	得分
工程素养	1. 安全意识	4	注意用电安全，有良好的安全意识	
	2. 实践纪律	4	认真完成实验，不喧哗打闹	
	3. 仪器设备	4	爱惜实验室仪器设备	
	4. 场地维护	4	能保持场地整洁，实验完成后仪器物品摆放合理有序	
	5. 节约意识	4	节约耗材，实验结束后关闭仪器设备及照明电源	
收音机元器件的装配	1. 元器件识别与检测	15	元器件类型、型号、标称值等识别正确，检测操作正确规范，结果无误	
	2. 元器件安装规范	15	能按照正确的安装顺序规范安装元器件，高度合适；标识方向和导线颜色规范；元器件位置、方向和极性正确	
收音机元器件的焊接	1. 通孔元器件的五步焊接法	40	能正确使用焊接工具，按照五步焊接法焊接通孔元器件，操作规范，焊点规则光亮，元器件引脚及修剪高度符合要求	
	2. 处理简单焊接缺陷	10	能正确选用合适工具，处理错装、漏装元器件，短路，断路等简单问题，操作方法正确	

超外差式收音机的调试与整机组装

【任务要求】

1. 理解超外差式接收机的基本原理。

2. 了解电子产品质量检测的基本流程。

3. 掌握直流稳压电源的使用方法。

4. 掌握超外差式收音机的开口检查方法。

5. 掌握超外差式收音机的调试方法。

【任务内容】

1. 对超外差式收音机电路进行开口检查，并完成实践记录册相关部分的填写。

2. 对收音机调幅/调频波段分别进行调试与试听，并完成实践记录册相关部分的填写。

3. 完成收音机的整机组装。

【知识准备】

微课 5-3　无线
通信原理简介

一、无线通信基本原理

无线通信是一种利用电磁波在空间中传播信息的通信方式。在信息通信领域中，发展最快、应用最广的就是无线通信技术。关于无线通信原理简介，可扫描此处二维码。下面以以远距离传输声波为主要目的的无线电广播系统为例，介绍无线通信的基本原理。

1. 声波

声波是一种由发声体的振动而产生的机械波。比如，人说话时，声带的振动引起周围空气共振，产生声波并以 340m/s 的速度向四周传播。人耳能够听到频率在 20Hz～20kHz 之间的声波。声波在空气等介质中传播时，强度会随距离的增大而衰减，传播距离十分有限。

2. 电磁波

电磁波是在空间中传播的周期性变化的电磁场，它的传播速度是光速。频率高于 100kHz 的电磁波在空气中传播时，可经大气层外缘的电离层反射，形成远距离传播能力。而低于 100kHz 的电磁波会被地表吸收，无法远距离传播。

按照不同的频率（或波长），电磁波被划分为多个波段。根据波长由小到大，分别为宇宙射线、γ 射线、X 射线、紫外线、可见光、红外线和无线电波。其中无线电波又包括微波、超短波、短波、中波和长波等。目前的无线通信技术主要使用无线电波来进行信息的传播。

3．调制与解调

为了实现声波的无线远距离传播，可以将声波经麦克风等声电转换器件转换为电信号。此时获得的电信号与声波一致，为低于 100kHz 的低频信号（音频信号），其转换而成的电磁波无法形成远距离传播。因此，需要将该低频信号加载到频率高于 100kHz 的高频信号上，再经天线辐射出高频电磁波进行远距离传播。这一将低频信号加载到高频信号上的过程，称为调制。此时的低频信号称为调制信号，高频信号称为载波，调制所得的信号称为已调波。在无线电广播系统中，音频信号的调制与发送在广播电台进行。

接收机将空气中传播的高频电磁波接收下来，从接收到的高频信号中还原出低频信号，经放大后驱动扬声器发出声音。这一从高频信号中还原出低频信号的过程，称为解调。在无线电广播系统中，信号的接收与解调由收音机完成。

4．振幅调制与频率调制

在无线电广播系统中，以下两种调制方式较为常用。

振幅调制简称调幅（AM），如图 5-2-1 所示，低频调制信号被加载到高频载波之后，得到的已调波频率与高频载波频率一致，而已调波的振幅随着低频调制信号的振幅变化而变化，即其包络线的形状与低频调制信号波形相似。这种已调波保持高频载波的频率特性不变，但振幅由低频调制信号的强度决定的调制方式称为振幅调制。经振幅调制所得到的已调波称为调幅波。在接收端，从调幅波还原出原始信号的解调过程，称为检波。无线电广播系统中，调幅广播所使用的载波位于电磁波频谱中的长波、中波和短波这三个波段，载波频率范围分别为 150～415kHz、535～1605kHz 和 1.5～26.1MHz。

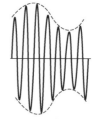

（a）低频调制信号　　（b）高频载波　　（c）已调波（调幅波）

图 5-2-1　振幅调制

频率调制简称调频（FM），如图 5-2-2 所示，低频调制信号被加载到高频载波之后，得到的已调波振幅与高频载波振幅一致，而已调波的频率在保持高频特性的情况下，随着低频调制信号的振幅变化而轻微变化，就像被压缩得不均匀的弹簧。这种已调波的频率由低频调制信号的强度决定的调制方式称为频率调制。经频率调制所得到的已调波称为调频波。在接收端，从调频波还原出原始信号的解调过程，称为鉴频。无线电广播系统中，调频广播所使用的载波位于电磁波频谱中的超短波波段，载波频率范围为 87～108MHz。

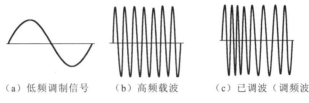

（a）低频调制信号　　（b）高频载波　　（c）已调波（调频波）

图 5-2-2　频率调制

二、超外差原理

微课 5-4　超外差收音机原理

了解了无线电广播系统中的信号调制与发送，接下来以收音机为例，看看信号的接收与解调是如何实现的。关于超外差收音机原理，可扫描此处二维码。

1. 最简收音机原理

以调幅收音机为例，介绍最简收音机原理。最简调幅收音机原理框图如图 5-2-3 所示。

收音机的高频输入部分由 LC 谐振回路构成，其中电容 C 是一个可调电容器，通过改变这个电容器的容值，就可以改变 LC 谐振回路的谐振频率。LC 谐振回路的谐振频率与电容值、电感值的关系，可用公式

$$f = \frac{1}{2\pi\sqrt{LC}}$$

表示。当 LC 谐振回路的谐振频率与某电台发送的电磁波频率一致时，就能在 LC 谐振回路中产生谐振，并将该电磁波转换为高频信号接收下来，此高频信号即调幅波。

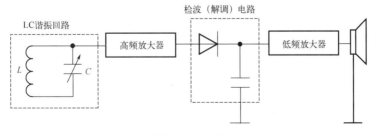

图 5-2-3　最简调幅收音机原理框图

此时得到的调幅波非常微弱，需要将它送入一个高频放大器进行放大。放大后的调幅波被送入一个由二极管与电容器构成的简单电路中，即可将这一调幅信号的包络——原始音频信号检波出来。这里的二极管与电容器即构成了一个检波电路。

通过检波电路输出的音频信号仍然较微弱，再将其送入一个低频放大器进行功率放大，输出的信号就可以驱动扬声器发出声音了。

2．超外差接收机原理

根据以上最简收音机原理制作而成的收音机结构简单，但信号不佳，实用性差。其原因在于各电台使用的高频载波的频率各不相同，差异较大，例如，调幅中波波段各电台的载波频率在 535～1605kHz 之间。而用于放大高频信号的高频放大器带宽有限，对于这些不同频率的高频已调波难以获得一致的放大增益。为了解决这一问题，1918 年，美国人埃德温·霍华德·阿姆斯特朗（Edwin Howard Armstrong）提出了超外差原理。

超外差原理的处理过程如图 5-2-4 所示。首先，通过高频输入回路将电台高频已调波（高频输入信号）接收下来。然后在接收机的内部增加一个 LC 高频振荡回路，产生一个本地高频振荡信号，这一回路称为本振回路，这个本地高频振荡信号简称本振信号。通过将这两个 LC 振荡回路的电容器联动，可以使两个电容器的容量值同步变化，这样本振信号的频率就可以始终随电台高频输入信号的载波频率变化而改变并与之保持一个固定的差值。接下来，将高频输入信号与本振信号一并送入混频器，混频器将输出两信号的各种频率组合信号（如两信号各自的倍频及两信号的和频与差频）。再将输出的各种频率组合信号送入中频选择回路，该回路的选择频率为两信号的差值，即可得到一个固定频率的已调信号，其频率为两信号的差频。在调幅收音机中，这个差频通常是 455kHz 或者 465kHz，这一差频信号也称中频信号。接收调频广播时，这一中频信号的频率为 10.7MHz。这样就将各电台不同的载波频率转换为固定的中频频率，且这个频率比较低，能够在中频放大器中获得一致且较好的放大效果。放大后的中频信号再经解调电路，即可输出稳定的音频信号了。

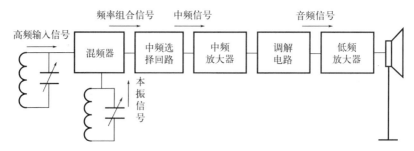

图 5-2-4　超外差原理的处理过程

因此超外差式收音机解决了不同电台信号放大不均匀的问题，灵敏度也很高。由于采用"差频"作用，外来信号必须与本地高频振荡信号相差预定的中频才能进入电路，而且中频选择回路、中频放大器是良好的滤波器，因此其他干扰信号就被抑制了，从而提高了选择性。

文档 5-1　调幅波段超外差式收音机原理

但是超外差式电路也有不足之处，会出现镜频干扰和中频干扰，这两种干扰是超外差式收音机所特有的干扰。

更多无线通信相关原理将在"通信原理""高频电子线路"等课程中学习。

调幅、调频收音机的电路原理图及相关电路原理介绍，可扫描此处二维码。

文档 5-2　调频波段超外差式收音机原理

收音机作为无线通信技术从萌芽到成熟的一个早期产品，曾经占据大众传媒终端的重要位置，为民众带来各种信息。收音机的发展史也从侧面反映出无线通信技术与材料及器件的发展。关于收音机的发展简史，可扫描此处二维码。

【实施方法】

一、直流稳压电源的使用

微课 5-5　调幅收音机原理

直流稳压电源是能够为负载提供稳定直流电源的电子装置。大部分电子电路都需要直流稳压电源提供能量，即在稳定的直流稳压电源下工作。通过直流稳压电源可以将国家电网提供的 220V 交流电经整流、滤波后转换为直流电。关于直流稳压电源的使用，可扫描此处二维码。

微课 5-6　调频收音机原理

使用直流稳压电源应注意以下安全事项。

1．直流稳压电源的供电应在允许的范围内，通常是 110V/220V、50Hz/60Hz 的交流电，电压变化范围在±10%之内。

2．直流稳压电源的输出电压可能会对人体造成不同程度的伤害。在启动电源后，请勿直接接触输出端子的金属部分或与之相连的导体。

文档 5-3　收音机的发展简史

3．在使用过程中，直流稳压电源会发热，这是正常现象。为确保仪器的安全，应在通风良好的环境中使用电源，环境温度不超过 40℃。

4．请勿以过高的频率连续开关电源，否则可能会导致电源工作异常或损坏。

微课 5-7　直流稳压电源的使用

5．请勿将电源的输出端长时间短路，否则可能会导致电源工作异常或损坏。

下面将以图 5-2-5 所示的型号为 GPS-3303C 型直流稳压电源为例，介绍实验室常用的直流稳压电源的使用方法。

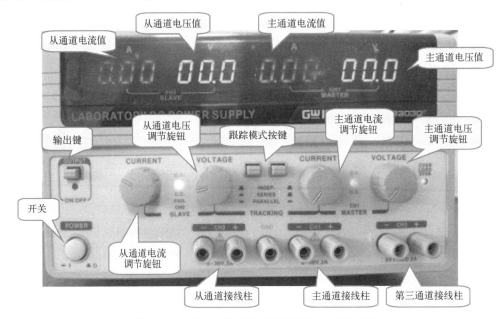

图 5-2-5　GPS-3303C 型直流稳压电源面板

该直流稳压电源的开关（POWER 键）位于控制面板的左下角，按下开关，电源工作。输出键（OUTPUT 键）位于面板的左侧，按下输出键，绿灯亮起，电源的各个接线端子上才有输出。

通常直流稳压电源有 2～3 个输出通道，该电源有 3 个通道，右侧部分为主通道，左侧为从通道，右下角为第三通道。

面板上方显示窗口的右侧标注"CH1"的红色数值为主通道电流值，绿色数值为主通道电压值。显示窗口下方右侧标注"CH1"的 VOLTAGE 旋钮为主通道电压调节旋钮，可设置输出电压值。显示窗口下方右侧的 CURRENT 旋钮为主通道电流调节旋钮，可以设置限流值。电源工作时，如电流超过限流值，将自行降低输出电压，以保证电流不超过设定的限流值。主通道电流调节旋钮下方标注"CH1"的两个接线柱分别为主通道的输出端子，红色为电源输出正极，黑色为电源输出负极。左侧从通道（标注"CH2"）的显示窗口、调节旋钮及输出端子的功能与主通道一致。该直流稳压电源的主通道与从通道的电压输出范围均为 0～30V，输出电流为 0～3A。面板右下角标注"CH3"的第三通道只可输出固定 5V 电压，最大输出电流为 3A。

主、从通道旋钮中部的按键为跟踪模式按键。直流稳压电源通常有三种跟踪模式。两按键均未按下时，为独立模式，此时主、从通道独立工作，可分别设置不同的电压输出。当左侧按键按下、右侧按键未按下时，为串联模式。此时从通道的调节旋钮不可用，从通道的输出电压将与主通道设定的输出电压一致。此时可将电源线分别连接在主通道的正极接线柱与从通道的负极接线柱上，使主、从通道串联输出，即可获得两倍于主通道设定电压值的电压输出。该直流稳压电源在串联模式下的最高输出电压为 60V。当两个按键均按下时，为并联模式。此时，从通道的调节旋钮不可用，从通道的输出电压将与主通道设定的输出电压一致。此时，可将电源线分别接在主通道的正极接线柱及从通道的负极接线柱上，输出电压将与主通道设定电压值一致，而最大输出电流则提升为设定值的两倍，最高达到 6A。

直流稳压电源的操作步骤如下。首先，在不接任何负载的情况下，按下直流稳压电源的开关（POWER 键）。然后按下 OUTPUT 键，使直流稳压电源产生输出。调节电压设定旋钮，观察对应通道显示窗口的电压值，完成电压设定。调节电流设定旋钮，观察对应通道显示窗口的电流值，完成最大输出电流值设定。最后连接负载，连接负载时应注意电源线的正、负极，避免因正、负极接反导致元器件烧毁。连接负载后，对应通道的显示窗口中将显示当前的输出电压与输出电流。

二、收音机的开口检查

电子产品在完成装配与焊接之后，就进入调试环节。所谓电子电路的调试，是以达到电路设计指标为目的而进行的一系列的"测量—判断—调整—再测量"的反复过程。通过调试，一方面可以发现电子产品设计与装配的缺陷，另一方面可以将各种可调电子元器件调整到最佳状态，使产品的各项性能指标达到要求。

电子产品的调试通常要经过外观检查、通电观察、静态调试与动态调试等步骤。外观检查是指在不通电的情况下，对电路进行初步检查。通电观察，则是指在通电的情况下观察电路是否存在异常。静态调试是指在没有外加信号的条件下进行的直流测试和调整的过程。动态调试则是指在静态调试的基础上，对处于工作状态的电子电路输入适当信号，测试和调整其动态指标的过程。

其中，外观检查、通电观察与静态调试这三个步骤用于对电子产品进行初步调整，可以判断电路工作是否基本正常，这一过程也称为开口检查。

关于收音机的开口检查，可扫描此处二维码。对完成装配与焊接的收音机电路进行开口检查，包括以下内容。

微课 5-8　收音机的开口检查

1．外观检查

（1）检查元器件有无位置错装与漏装、方向或极性反装、元器件损坏问题。

（2）检查元器件引脚有无虚焊、假焊、漏焊、短路、断路。

（3）检查印制电路板有无破损、印制线和焊盘有无断裂。

2．通电观察

（1）通电：如图 5-2-6 所示，通电之前，务必将收音机的音量电位器开关断开，以免通电时出现异常，导致烧毁元器件。然后打开直流稳压电源开关，按下直流稳压电源的 OUTPUT 键，将直流稳压电源的电压输出调至 3V。输出电压调好后，将直流稳压电源输出端子上的鳄鱼夹夹在收音机的正、负极片上，要注意电源输出的正极，即红色鳄鱼夹接收音机的正极片；电源输出的负极，即黑色鳄鱼夹接收音机的负极片。不要接反，否则会烧毁元器件。

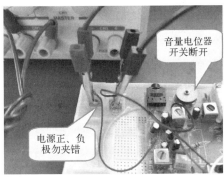

图 5-2-6　收音机的通电观察

（2）观察：看通电后元器件有无明显的机械损坏，如破裂、烧黑、变形等，并观察有无冒烟现象；听工作声音是否正常；检查电路是否有异味，如烧焦的味道；用手试探元器件的温度是否正常，如太热或者太凉。如出现异常现象，应立即关掉电源，待电路故障排除后，再通电。

同时，注意观察直流稳压电源的电压显示和电流显示数字。由于音量电位器开关处于断开状态，此时电压显示应为 3V，电流显示应为 0A。如果电压低于 3V 或者电流过大，需要马上断电，检查电路故障，电路正常后再进行通电测试。

3．静态调试

如通电观察无异常，即可对收音机进行静态工作电流的测量。静态是指收音机未收到任何电台的状态。由于该收音机为调幅/调频双波段收音机，双波段的静态电流不同，因此需要分别进行测量。

（1）调频（FM）波段静态电流的测量。

①保持音量电位器开关处于断开状态。

②将收音机波段开关 K1 拨至调频波段，即靠近磁棒天线的一侧。

③将数字万用表调至直流电流 200mA 挡（标有"A⋯"的挡位为直流电流挡），将红、黑表笔分别插入 mA 和 COM 插孔，如图 5-2-7 所示。

④用数字万用表的红、黑表笔分别接触音量电位器开关的两个外围引脚，此时可以测量出收音机调频波段的静态电流值，约为 8.9mA。

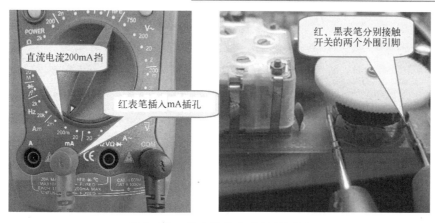

图 5-2-7　收音机静态电流的测量

（2）调幅（AM）波段静态电流的测量。

① 保持音量电位器开关处于断开状态。

② 将收音机波段开关 K1 拨至调幅波段，即靠近黄色中周的一侧。

③ 将数字万用表调至直流电流 200mA 挡，将红、黑表笔分别插入 mA 和 COM 插孔。

④ 用数字万用表的红、黑表笔分别接触音量电位器开关的两个外围引脚，此时可以测量出收音机调幅波段的静态电流值，约为 6.3mA。

三、收音机的动态调试

静态调试正常后可对收音机进行动态调试，包括动态电流的测量及收音机的调整与试听。

1. 动态电流的测量

闭合音量电位器开关，观察电路有无异常现象。在开机的同时查看电压源上相应的电流、电压显示，如电流超过 0.2A 或电压下降，则表明有短路故障，要立刻断电检查，以免烧坏元器件。待电路故障排除后，再通电。如果开关闭合后扬声器发出"沙沙"噪声，并且电压和电流值正常，则可进行动态电流的测量。

如图 5-2-8 所示，将数字万用表调至直流电流 200mA 挡，将红、黑表笔串联在电源正极鳄鱼夹与收音机正极片之间。将收音机波段开关 K1 拨至调频波段，旋转四联可变电容器背面的调谐旋钮，将收音机调整到有台的位置。将音量电位器调整到音量居中位置，即可测量此时的动态电流。当收到不同的电台、音量控制在不同大小时，其总电流均会大于其静态电流。通常收到电台后，其动态电流均小于 100mA。将波段开关 K1 拨至调幅波段，采用同样的方法进行动态电流的测量。

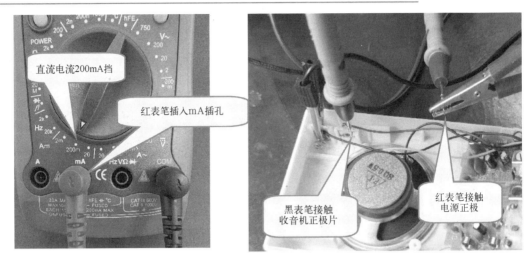

图 5-2-8　收音机动态电流的测量

2. 收音机的调整与试听

（1）调频（FM）波段的调整与试听。

① FM 试听：将波段开关置于调频波段，旋动调谐旋钮，调频波段应能够收听到 5 个以上电台。

② 调频波段的覆盖调试：小心调节 L3 空芯线圈（2.5T），可用镊子轻微调节 L3 线圈各圈之间的距离，使调频波段的频率覆盖范围为 88～108MHz。

③ 调频波段的信噪比调试：旋转调谐旋钮至收听到某一电台，调节 T2 粉色中周，使整机的音质达到最好，杂音最小。

（2）调幅（AM）波段的调整与试听。

① AM 试听：将波段开关置于调幅波段，旋转调谐旋钮，调幅波段应能够收听到明显的搜台音变化。

② 调幅波段的覆盖调试：将波段开关置于 AM 波段，小心调节 L4 红色中周式电感，使调幅波段的频率覆盖范围为 535～1605kHz。

③ 调幅波段的信噪比调试：旋转调谐旋钮至收听到某一电台，调节 T1 黄色中周，使收听音质达到最好，杂音最小。

*注：调幅波段的室内接收效果可能较差。

动态调试时应注意以下事项。

（1）调试过程中随时观察直流稳压电源的电压、电流显示，发现电压下降或电流过大应马上断电，避免因电流过大损坏电路。

（2）调试时注意避免元器件被金属工具短路。

（3）若发现电压源过热，则应马上断电，并报备给实验室管理人员。

四、收音机的整机组装

完成收音机的装配焊接和测试调试后，就可以按以下步骤进行整机组装了。收音机的整机组装，可扫描此处二维码。

微课 5-9 收音机的整机组装

1．如图 5-2-9 所示，用 M2.5×4mm（直径 2.5mm，长 4mm）平头螺钉安装四联可变电容器的调谐旋钮，注意旋钮的刻度线与收音机前盖的刻度盘相对应。用 M1.6×8mm（直径 1.6mm，长 8mm）平头螺钉安装音量电位器旋钮。

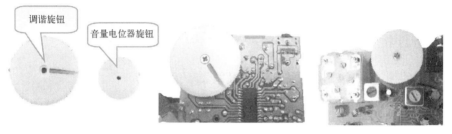

图 5-2-9 收音机调谐旋钮和音量电位器旋钮的安装

2．如图 5-2-10 所示，把已经用磁棒支架固定好的磁棒和印制电路板安装在前盖上；用 M2×4mm（直径 2mm，长 4mm）自攻螺钉将印制电路板固定在收音机前盖上，注意耳机插座、调谐旋钮与外壳侧边开孔的位置要对应，调整磁棒位置以免空间不足。

图 5-2-10 收音机印制电路板与磁棒的安装

3．如图 5-2-11 所示，安装波段开关拨片；整理扬声器线，把扬声器卡入前盖的对应位置；整理收音机电源线，在前盖电池片插槽中插入电池极片与电池连接片，注意正、负极要对应。

图 5-2-11 收音机的波段开关拨片、扬声器线与电池极片的安装

4．盖上收音机后盖，并用 M2×8mm（直径 2mm，长 8mm）自攻螺钉把后盖与前盖连接在一起，如图 5-2-12 所示。

这样，就完成了调幅/调频双波段收音机的整机组装。

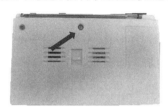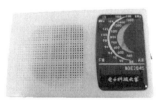

图 5-2-12　收音机的后盖安装与整机

【任务评价】

收音机的调试与整机组装任务评价表如表 5-2-1 所示。

表 5-2-1　收音机的调试与整机组装任务评价表

考核项目	考核内容	分值	评价标准	得分
工程素养	1．安全意识	4	注意用电安全，有良好的安全意识	
	2．实践纪律	4	认真完成实验，不喧哗打闹	
	3．仪器设备	4	爱惜实验室仪器设备	
	4．场地维护	4	能保持场地整洁，实验完成后仪器物品摆放合理有序	
	5．节约意识	4	节约耗材，实验结束后关闭仪器设备及照明电源	
收音机的开口检查	1．收音机的外观检查	5	能按照要求进行外观检查，观察仔细无遗漏	
	2．收音机的通电观察	5	正确规范使用直流稳压电源，电源接入方法正确；开关闭合状态设置正确；能按照要求进行通电观察，观察仔细无遗漏	
	3．FM 波段的静态调试	10	能使用数字万用表测试静态参数，挡位及开关设置正确，操作方法正确	
	4．AM 波段的静态调试	10	能使用数字万用表测试静态参数，挡位及开关设置正确，操作方法正确	
收音机的调整与试听	1．FM 波段动态参数的测量	5	能使用数字万用表测试动态参数，挡位及开关设置正确，操作方法正确	
	2．AM 波段动态参数的测量	5	能使用数字万用表测试动态参数，挡位及开关设置正确，操作方法正确	
	3．FM 波段的调整与试听	5	能正确使用合适的工具调试相应元器件而改善音质，操作方法正确	
	4．AM 波段的调整与试听	5	能正确使用合适的工具调试相应元器件而改善音质，操作方法正确	
收音机的整机质量与组装	1．FM 波段收听质量	10	能接收 FM 波段的广播电台节目，音质清晰	
	2．AM 波段收听质量	10	能接收 AM 波段的广播电台节目，音质清晰	
	3．整机组装	10	能正确选用合适的工具，操作方法正确，完成整机组装	

复 习 题

1．单选题：整机装配与焊接过程中，以下说法错误的是（   ）。

A．应按照元器件从小到大、从低到高的顺序进行装配与焊接

B．注意有方向、有极性的元器件的装配

C．先焊接电阻、电容等板上元器件，再焊接扬声器等外接元器件

D．为了提高效率，可以把所有元器件一次性全部插入对应的插孔，再依次焊接

2．单选题：装配与焊接收音机正、负极电源线时，以下说法符合规范的是（   ）。

A．导线颜色可以完全相同

B．漆包导线可以用裸线替代

C．用红线接正极片，黑线接负极片

D．电源线长度可以随意剪取

3．单选题：关于音频信号的说法，以下错误的是（   ）。

A．音频信号是一种高频信号

B．音频信号的远距离传输需要载体

C．把音频信号加载到电磁波上的过程是调制

D．音频信号在传输过程中会衰减

4．单选题：将音频信号加载到高频信号的过程称为（   ）。

A．检波   B．解调   C．调制   D．鉴频

5．单选题：图中的已调波是（   ）。

A．调幅波   B．调频波

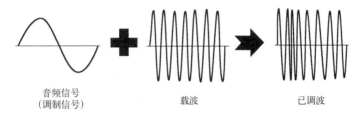

音频信号   载波   已调波
（调制信号）

6．单选题：检波是从（   ）还原出音频信号的过程。

A．调幅波   B．调频波

C．调相波   D．以上都不是

7．单选题：以下说法错误的是（   ）。

A．收音机是一种把音频广播信号还原成声音信号的装置

B．把音频广播电信号转换为声音的器件是扬声器

C．天线是收音机电路的信号输入端

D．天线是收音机电路的信号输出端

8．单选题：调幅收音机的解调过程又称为（　　　　）。

A．检波　　　　　　B．鉴频　　　　　　C．鉴相　　　　　　D．调制

9．单选题：以下这句话各括号处内容的正确排序是（　　　　）。

所谓超外差，就是通过输入回路先将电台（　　　　）接收下来，和（　　　　）产生的（　　　　）一并送入混频器，再经（　　　　）进行频率选择，得到一个固定的中频载波。

①本振信号；②本地振荡回路；③中频回路；④高频已调波

A．①②④③　　　　B．④②①③　　　　C．①③④②　　　D．④③①②

10．单选题：超外差原理中，对（　　　　）两种信号进行差频。

A．高频输入信号与中频信号　　　　　　B．中频信号与音频信号

C．高频输入信号与本振信号　　　　　　D．本振信号与音频信号

11．单选题：超外差原理解决了接收机的（　　　　）问题。

A．功耗问题

B．不同电台信号放大不均匀的问题

C．抗干扰性问题

D．电路复杂的问题

12．单选题：关于超外差式收音机，以下说法错误的是（　　　　）。

A．广播电台节目信号是通过收音机天线接收下来的

B．收音机接收的广播电台节目信号是高频已调波

C．收音机接收到的信号无须进行电声转换就可以收听节目

D．收音机滤波器选择的信号是电台高频已调波与本地高频振荡信号的混频信号

13．多选题：超外差式收音机的优点有（　　　　）。

A．提高收音机的灵敏度

B．解决不同电台信号放大不均匀的问题

C．提高抗干扰能力

D．解决了中频干扰

14．填空题：为以下这句话选择合适的选项。

调幅收音机的中频频率为（　　　　），调频收音机的中频频率为（　　　　）。

A．455kHz 或 465kHz　　　　　　　　B．10.7MHz

C．455MHz 或 465MHz　　　　　　　　D．10.7kHz

15．多选题：对于收音机整机调试与测试，以下说法正确的是（　　　）。

　　A．完成装配与焊接后可以直接加电收听收音机广播电台节目

　　B．先进行开口检查避免电路故障和错装漏装，再动态调试

　　C．收音机的整机灵敏度和可靠性通过测试与调试可达到最佳状态

　　D．调试收音机时可以反复调试同一个元器件，达到良好的广播电台接收效果

16．对收音机进行静态调试时，应（　　　）设置数字万用表进行静态电流的测量。

　　A．选择直流电流 200mA 挡

　　B．选择直流电流 20A 挡

　　C．将红表笔插入 A 插孔，黑表笔插入 COM 插孔

　　D．将红表笔插入 mA 插孔，黑表笔插入 COM 插孔

17．填空题：为以下这段话选择合适选项。

收音机整机调试时，设置好直流稳压电源的电压和电流值，同时观察直流稳压电源的电压和电流值，如果（　　　）过大或（　　　）下降，说明收音机电路有短路，应立即断电，检查电路和焊点。如果电流偏小，说明收音机电路有（　　　），需要检查并处理焊点。

　　A．电压值　　　　B．电流值　　　C．断路　　　　D．短路

项目六 蓝牙音箱的装配、焊接与调试

 项目概述

蓝牙音箱是一种使用蓝牙技术实现数码播放设备与音箱之间的无线连接的电子产品。便携式蓝牙音箱更是因其小巧便携、易于连接、可免提通话、时尚美观等优点，受到消费者的喜爱。

本项目由两个任务组成：蓝牙音箱的装配与焊接、蓝牙音箱的调试与整机组装。通过本项目的学习，学生可了解蓝牙通信的基本原理，巩固元器件的识别、检测方法和手工焊接技术，熟悉常用仪器仪表和工具的使用，培养对电子信息系统进行测试和分析的能力，强化学生的工程实践能力，为后续的学习与实践奠定基础。

 立德培志

搁置分歧、共同努力——蓝牙名称的含义

1994 年，爱立信公司成立了一个专项科研小组，其任务是开发一种低功耗、低成本的无线连接技术，用于电话和耳机等电子设备的无线互联。当时全球多家著名通信公司都在研制自己的短距离无线通信协议，且这些协议间各不兼容，为消费者带来了很大的不便。

为了寻求统一的短距离无线通信协议，爱立信公司发布了该项技术，并与英特尔、诺基亚、IBM 和东芝等公司共同成立了一个特殊兴趣小组（SIG），这一组织就是现在的蓝牙技术联盟的前身。该组织的各成员共同协商，研究出了一种新的通用的技术方案。

在为这一新技术命名时，一名来自英特尔的工程师卡戴克（Jim Kardach）正在阅读一本关于维京时代丹麦国王蓝牙王哈拉尔德的书。书中描述的蓝牙王统一了分裂的北欧大陆，结束了多年战乱，为人民谋求到了安宁的生活。卡戴克受此启发，建议将该项新技术命名为蓝牙，借以表达蓝牙技术支持不同产品和行业之间连接与

协作的通用性。如今，蓝牙已成为无处不在的无线通信技术，而其名称中所包含的搁置分歧、寻求统一、共同努力的哲理不正是我们在工作、学习与生活中值得借鉴的宝贵经验吗？

　　关于蓝牙名称由来的更多内容，可扫描此处二维码。

文档 6-1　蓝牙
名称的由来

蓝牙音箱的装配与焊接

【任务要求】

1. 熟练掌握蓝牙音箱相关电子元器件的识别与检测方法。

2. 熟练掌握蓝牙音箱相关表面贴装元器件的简易回流焊方法。

3. 熟练掌握蓝牙音箱相关通孔元器件的手工装配与焊接方法。

【任务内容】

1. 识别蓝牙音箱套件中各种元器件的类型、标称值、允许偏差及其他相关参数，并完成实践记录册相关内容的填写。

2. 使用数字万用表检测电阻器、电容器、发光二极管、开关与接插件等元器件，并完成实践记录册相关内容的填写。

3. 按照表面贴装元器件的装配与焊接工艺规范，完成片式集成电路、晶振、USB 接口等表面贴装元器件的装配与焊接。

4. 按照通孔元器件的装配与焊接工艺规范，完成通孔元器件的装配与焊接。

【实施方法】

一、元器件的识别与检测

根据项目一及项目二中电子元器件的识别与检测方法，按照表 6-1-1 所示的蓝牙音箱元器件清单，完成蓝牙音箱套件中相关电子元器件的清点、识别与检测，并将识别与检测结果填写在实践记录册中。经检测发现的不合格元器件，需要及时更换为合格完好的元器件。

表 6-1-1 蓝牙音箱元器件清单

元器件编号	型号及规格	元器件类型	元器件编号	型号及规格	元器件类型
U1	AC6969D	IC	E10	1μF	电解电容
U2	XPT8871	IC	E13	1μF	电解电容
U3	SC9017	IC	E15	1μF	电解电容
U4	5353A	IC	EC6	47μF	电解电容

元器件编号	型号及规格	元器件类型	元器件编号	型号及规格	元器件类型
Y1	24MHz	晶振	LED1	红绿双色	发光二极管
USB	4 脚插头	USB 插头	LED3	蓝色	发光二极管
R1	2.2kΩ	碳膜电阻	AUX	PJ3020	AUX 音频插座
R2	2.2kΩ	碳膜电阻	S1	SK-23D07	拨动开关
R5	2.2kΩ	碳膜电阻	SPEAKER	白色直脚	PH2.0 插座
R8	1kΩ	碳膜电阻	VBAT	红色直脚	PH2.0 插座
R9	3kΩ	碳膜电阻		线长 100mm	连接线
R10	3kΩ	碳膜电阻		50mm 4R 5W	扬声器
R11	10kΩ	碳膜电阻		18650/3.7V/带 2mm 连接器/插头 线长 80mm	锂电池
R12	1kΩ	碳膜电阻		PA 2×5mm	圆头尖尾螺丝
R13	10kΩ	碳膜电阻		PWA 2.3×6mm	圆头尖尾 带介螺丝
R14	15kΩ	碳膜电阻		PA 2.6×8mm	圆头尖尾螺丝
R15	10kΩ	碳膜电阻			底壳
R17	0Ω	碳膜电阻			瓜柄 A
R18	100Ω	碳膜电阻			瓜柄 B
R20	0Ω	碳膜电阻			U 形卡片
C3	0.1μF（104）	瓷片电容			电池压片
C5	3pF	片式电容（0805）		长 19mm/宽 10mm/厚 3.5mm 单面背胶	EVA 垫
C7	0.01μF（103）	瓷片电容		Φ6.5×5mm/单面背胶	EVA 圆垫
C9	0.1μF（104）	瓷片电容		0.5m	USB 充电线
C10	0.033μF（333）	瓷片电容			
E1	47μF	电解电容			
E2	47μF	电解电容			
E3	1μF	电解电容			
E4	1μF	电解电容			
E7	0.22μF	电解电容			

各元器件外形如图 6-1-1 所示。

片式集成电路

晶振

Micro USB 接口

片式电容

色环电阻

发光二极管

瓷片电容

拨动开关

图 6-1-1　蓝牙音箱各元器件外形

| AUX 音频插座 | PH2.0 插座 | 电解电容 | 扬声器 |

图 6-1-1 蓝牙音箱各元器件外形（续）

二、元器件装配顺序

元器件装配应依据从小到大、从低到高、贵重和易损坏的元器件最后安装的原则。对于片式和通孔两种元器件，应先装配片式元器件，再装配通孔元器件。

各元器件装配参考顺序如下。

（1）片式元器件：片式集成电路→片式晶振→Micro USB 接口→片式电容；

（2）通孔元器件：色环电阻→发光二极管→瓷片电容→拨动开关→AUX 音频插座→接插件→电解电容→扬声器。

三、各元器件装配注意事项

除两个发光二极管（LED）外，其余所有元器件均应贴板插装并焊接，无须保留安装高度。

1. 片式元器件

将片式元器件 U1（AC6969D）、Y1（24MHz）、U2（XPT8871，底部有散热焊盘）、U3（SC9017）、U4（5353A）、USB 插座、C5（3pF）使用回流焊工艺焊接在印制电路板上。**注意**：U2 芯片的底部散热焊盘也应上锡膏并进行回流焊。贴装时应注意各芯片方向：圆点标记要对应印制电路板上的圆点位置。元器件各引脚应与焊盘位置一一对应摆正，切不可歪斜错位。

2. 电阻器

电阻器引脚应按照印制电路板上的安装孔距进行弯折。插装时电阻器应贴板且各电阻器的高度要保持一致。

3. 发光二极管（LED）

将两个引脚的 LED 插入 LED3 位置，LED3 位置印有"+"标识的为正极，插长脚；印有"−"标识的为负极，插短脚。3 个引脚的 LED 长脚为公共正极，第 2 长脚为红色 LED 负极，短脚为绿色 LED 负极。将其插入 LED1 位置，印制电路板 LED1 位置中间的引脚为正极，插最长的引脚；印有"R"标识处为红色 LED 的负极，插第 2 长的引脚；剩下的引脚为绿色 LED 的负极，插最短的引脚。两个 LED 均应注意安装高度，不能贴板插装。应先将引脚 90° 弯折后，再插装焊接，使 LED 灯珠位于板边开口处，如图 6-1-2 所示。

三个引脚的 LED　　两个引脚的 LED

图 6-1-2　LED 的安装

4．瓷片电容

瓷片电容无极性，按照清单装配即可。

5．拨动开关

插装前应检查拨动开关的针脚是否变形。将拨动开关小心插入印制电路板并检查所有引脚是否全部插入，拨动开关的拨片应朝向板外侧，确认无误后再焊接。

6．AUX 音频插座

插装前应检查 AUX 音频插座的针脚是否变形。将 AUX 音频插座小心插入印制电路板并检查所有引脚是否全部插入，无误后再焊接。AUX 音频插座的焊接时间不宜过长。

7．PH2.0 插座

将红色的插座按印制电路板标识方向插入印制电路板标有"VBAT"处。将白色的插座按印制电路板标识方向插入印制电路板标有"SPEAKER"处。注意：两个插座的缺口均应与电路板插座标识上的缺口方向一致。PH2.0 插座的焊接时间不宜过长。

8．电解电容

装配电解电容时应注意正、负极性。印制电路板上的圆形标记中，空芯半圆一边为正极，插长脚；白色半圆一边为负极，插短脚。

9．扬声器

将带有 PH2.0 插头的红线、黑线与扬声器焊接在一起。扬声器正极连接红线，负极连接黑线。将插头插入标有"SPEAKER"的白色插座中，注意不要插错到"VBAT"红色插座中。

以上元器件装配与焊接完成后，即可进行调试与测试。待完成调试与测试之后，再连接电池。

完成焊接的蓝牙音箱电路如图 6-1-3 所示。

图 6-1-3 完成焊接的蓝牙音箱电路

【任务评价】

蓝牙音箱的装配与焊接任务评价表如表 6-1-2 所示。

表 6-1-2 蓝牙音箱的装配与焊接任务评价表

考核项目	考核内容	分值	评价标准	得分
工程素养	1. 安全意识	4	注意用电安全，有良好的安全意识	
	2. 实践纪律	4	认真完成实验，不喧哗打闹	
	3. 仪器设备	4	爱惜实验室仪器设备	
	4. 场地维护	4	能保持场地整洁，实验完成后仪器物品摆放合理有序	
	5. 节约意识	4	节约耗材，实验结束后关闭仪器设备及照明电源	
元器件的识别与检测	1. 各种元器件的识别	10	能正确识别各种元器件的类型与主要参数	
	2. 电阻、电解电容、二极管、扬声器等元器件的检测	10	能正确选择数字万用表的挡位，操作方法正确，检测与判断结果正确	
元器件的装配	1. 元器件的安装位置及方向	10	元器件的安装位置及安装方向与印制电路板上的标识一致	
	2. 元器件的安装高度	5	元器件安装高度合理、整齐	
	3. 特殊元器件的安装	5	二极管安装方法正确，扬声器与电池安装正确	
元器件的焊接	1. 片式集成电路等表面贴装元器件的焊接	20	集成电路等表面贴装元器件引脚与焊盘无错位，焊接无短路、虚焊、漏焊	
	2. 通孔元器件的焊接	20	通孔元器件的引脚焊接无短路、虚焊、漏焊，引脚垂直于印制电路板，引脚修剪高度合适	

蓝牙音箱的调试与整机组装

【任务要求】

1. 理解蓝牙音箱电路的基本原理。
2. 掌握蓝牙音箱电路的开口检查方法。
3. 掌握蓝牙音箱电路的调试方法。

【任务内容】

1. 对装配与焊接完成的蓝牙音箱电路进行开口检查，并完成实践记录册相关部分的填写。
2. 对蓝牙音箱电路依次进行蓝牙功能、AUX 功能、充电功能及关机的检测，并完成实践记录册相关部分的填写。
3. 如调试时出现问题，尝试查找问题出现的原因并排除故障。
4. 完成蓝牙音箱的整机组装。

【知识准备】

一、蓝牙技术简介

蓝牙，即 Bluetooth，是一种近距离地保证设备之间数据可靠接收和信息安全的无线通信技术。依靠蓝牙技术，个人设备之间可以摆脱信号线的束缚，自由地移动起来。

我们身边有很多设备都在使用蓝牙技术进行通信，如最常用的蓝牙手机、蓝牙耳机与蓝牙音箱、蓝牙笔记本电脑、蓝牙外设、蓝牙穿戴设备、车载蓝牙、蓝牙相机等。随着蓝牙 mesh 技术的出现，蓝牙实现了多对多的传输，通过蓝牙技术也可以实现大规模组网，因此蓝牙技术开始在工业控制、物联网、智慧城市等领域大量应用。

关于蓝牙技术的特点与关键技术的简介，可扫描此处二维码。

文档 6-2 蓝牙
技术的特点

文档 6-3 蓝牙
关键技术

二、蓝牙音箱电路基本原理

蓝牙音箱电路由蓝牙模块、功放模块、充电管理模块、电池保护模块、AUX 输入、扬声器及开关等部分组成，其总体电路原理图如图 6-2-1 所示。

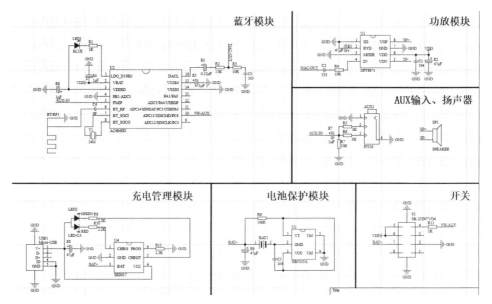

图 6-2-1　蓝牙音箱总体电路原理图

当开关拨至蓝牙功能时，蓝牙芯片（AC6969D）将进入等待配对连接状态。此时，可通过手机或其他具有蓝牙功能的设备搜索到名为"南瓜小音箱×××"的音箱设备。同时，蓝牙芯片控制蓝牙指示灯闪烁。连接建立后，蓝牙芯片控制蓝牙指示灯停止闪烁，保持常亮，播放设备开始与蓝牙音箱传输数据。蓝牙音箱的板载天线将接收到的蓝牙信号送入蓝牙芯片内部进行解码。解码输出的音频信号被送入功放模块进行放大，并驱动扬声器发出声音。

当拨动开关拨至 AUX 功能时，AUX 音频插座将音频信号送入蓝牙芯片。蓝牙芯片将音频信号输出至功放模块进行放大，并驱动扬声器发出声音。

充电管理模块可为电池提供稳定的充电电压与电流，使电池达到最佳充电效果。电池保护模块可以保护电池不会因外部短路、充电电压过高或过放电等受到伤害。

更多蓝牙音箱电路原理，可扫描此处二维码。

文档 6-4　蓝牙
音箱电路原理

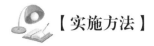 【实施方法】

一、蓝牙音箱电路的开口检查

1．外观检查

检查电路板和元器件有无机械性损坏，有无短路和断路，元器件有无错装或漏装，有方向或有极性的元器件是否装错方向或极性，焊点有无虚焊或短路，若有问题，则需及时排除故障。观察外观确认没有问题，再进行通电观察。

2．通电观察

蓝牙音箱的额定工作电压为 4.2V。将蓝牙音箱开关拨至关机（最左侧），将红、黑色测试线插入"VBAT"红色插座。将稳压电源输出调至 4.2V，并将鳄鱼夹夹在蓝牙音箱电源的正、负极线上（红正黑负）。然后按下 OUTPUT 键通电，观察稳压电源电压、电流指示，如出现电压降低或电流过大等异常现象，应立即关掉电源，检查电路故障。同时观察电路有无异常现象，看元器件有无明显的机械损坏，如破裂、烧黑、变形等，并观察有无冒烟现象，听工作声音是否正常，检查电路是否有异味，如烧焦的味道，用手试探元器件的温度是否正常，如太热或者太凉。如出现异常现象，应立即关掉电源，待电路故障排除后再通电。

二、蓝牙音箱电路的功能检测

1．蓝牙功能检测

在通电状态下，将开关拨至蓝牙模式位置（中间位置），应能听到"Bluetooth mode"的声音，此时音箱进入蓝牙模式，蓝色的指示灯闪烁。用手机可搜索到此"南瓜小音箱×××"设备。使用手机连接该设备，连接成功后发出"叮咚"一声，蓝色的指示灯将从闪烁转为常亮，之后可播放手机里的音乐、语音等声音。

2．AUX 功能检测

将开关拨至 AUX 模式位置（最右侧），会发出"AUX mode"的声音。此时音箱进入外部输入模式，蓝色的指示灯常亮。用 AUX3.5 的音频线将外部音源（如MP3 等）连接到 AUX 音频插座，即可播放外部音源。

3．充电功能检测

用电源适配器等 5V 电源通过 Micro USB 插头线插入本机 Micro USB 插座，即可对音箱进行充电。充电时红灯亮，充满后绿灯亮。

4．低电提示功能检测

当电池电量低至需要充电时，将发出"Battery low，please charge"的提示音。当电量过低时，将发出"Power off"提示音后自动关机。

5．关闭蓝牙音箱

开关拨至 OFF 位置（最左侧），即可关闭蓝牙音箱。

三、蓝牙音箱电路的调试注意事项

1．调试前装好扬声器及测试电源线。

2．调试时，切勿乱动或调试仪器，以免调至电压过高烧坏元器件。

3．注意正、负极接线，红正黑负。

4．调试时，检查电源 OUTPUT 键是否被按下（按下时有效）。

5．开机同时查看稳压电源上的相应电流、电压显示，如超过 0.2A 或电压下降，表明有短路，要立刻断电检查，以免烧坏元器件。

6．调试结束取下鳄鱼夹时，注意避免电源正、负极鳄鱼夹接触导致电源短路损坏。

四、调试时可能出现的问题及解决办法

如通电后稳压电源显示电流过小或无声，应检查是否有元器件装错或漏焊、虚焊等现象；如果通电后稳压电源显示电流过大，应检查是否有元器件装错或焊接短路等现象。

如电流远大于典型值，说明短路严重，应立即断电。否则，可能造成元器件损坏，特别是集成电路损坏。

五、蓝牙音箱的整机组装

1．扬声器的安装

如图 6-2-2 所示，将扬声器装入面壳（扬声器纸盘朝向面壳有孔一侧）并用 3 个 PWA2.3×6mm 的螺丝（圆头尖尾带介螺丝，直径 2.3mm，长 6mm）固定。

图 6-2-2　蓝牙音箱扬声器的安装

2．电池的安装

如图 6-2-3 所示，将电池装入扬声器旁边的位置，在电池上贴上一张 EVA 圆垫，再放上压片，用 PA2.3×8mm 的螺丝（圆头尖尾螺丝，直径 2.3mm，长 8mm）固定压片。

3．印制电路板的安装

如图 6-2-4 所示，将印制电路板按方向装入底壳，用 3 个 PA2×5mm 的螺丝（圆头尖尾螺丝，直径 2mm，长 5mm）固定。

图 6-2-3　蓝牙音箱电池的安装

图 6-2-4　蓝牙音箱印制电路板的安装

4．整机组装

如图 6-2-5 所示，将面壳与底壳的螺丝柱对齐，合上面壳与底壳（注意不要压到线），然后用 3 个 PA2.3×8mm 的螺丝（圆头尖尾螺丝，直径 2.3mm，长 8mm）固定，再在底壳上贴上 3 张 EVA 圆垫。

图 6-2-5　蓝牙音箱的整机组装

至此，蓝牙音箱组装完成，如图 6-2-6 所示。

图 6-2-6　组装完成的蓝牙音箱

【任务评价】

蓝牙音箱的检测与调试任务评价表如表 6-2-1 所示。

表 6-2-1　蓝牙音箱的检测与调试任务评价表

考核项目	考核内容	分值	评价标准	得分
工程素养	1. 安全意识	4	注意用电安全，有良好的安全意识	
	2. 实践纪律	4	认真完成实验，不喧哗打闹	
	3. 仪器设备	4	爱惜实验室仪器设备	
	4. 场地维护	4	能保持场地整洁，实验完成后仪器物品摆放合理有序	
	5. 节约意识	4	节约耗材，实验结束后关闭仪器设备及照明电源	
蓝牙音箱电路的开口检查	1. 外观检查	5	能认真检查电路有无装配错误与焊接缺陷，观察仔细无遗漏	
	2. 通电观察	5	能正确使用稳压电源，操作方法正确，观察仔细无遗漏	
蓝牙音箱电路的调试	1. 蓝牙功能检测	10	1. 能正确使用稳压电源，操作方法正确 2. 能按照检测步骤完成调试过程，操作正确	
	2. AUX 功能检测	10		
	3. 充电功能检测	10		
蓝牙音箱电路的整机质量与组装	1. 蓝牙功能	10	蓝牙连接正常，音乐播放清晰	
	2. AUX 功能	10	AUX 连接正常，音乐播放清晰	
	3. 充电功能	10	能正常充电，指示灯显示正常	
	4. 蓝牙音箱扬声器、电池、印制电路板及外壳的安装	10	能按照组装顺序完成蓝牙音箱的整机组装，操作方法正确	

复　习　题

1. 既有通孔元器件又有片式元器件的产品，在装配与焊接时，以下说法正确的是（　　）。

　　A．先焊接片式元器件，再焊接通孔元器件

　　B．可以用助焊剂辅助焊接

　　C．对印制电路板镀锡和涂敷助焊剂有助于形成良好的合金面焊点

　　D．对一次性没有焊好的元器件引脚可以多次反复焊接修正

2. 单选题：该蓝牙音箱的蓝牙芯片型号是（　　）。

　　A．XB5353A　　　B．AC6969D　　　C．XPT8871　　　　D．SC9017

3. 单选题：关于蓝牙音箱的装配，以下说法错误的是（　　）。

　　A．安装片式元器件时，应注意各元器件方向标识

　　B．安装通孔元器件时，应先安装卧式电阻

　　C．先安装通孔元器件，再安装片式元器件

　　D．PH2.0 插座的焊接时间不宜过长

4. 多选题：关于蓝牙技术，以下说法错误的是（　　）。

　　A．蓝牙技术是一种无线通信技术

　　B．蓝牙技术只能实现一对一的通信

　　C．蓝牙技术是一种远距离通信技术

　　D．蓝牙技术能够保证数据的可靠性

5. 单选题：音频解码功能由蓝牙音箱电路中的（　　）完成。

　　A．蓝牙模块　　　　　　　　　　B．功放模块

　　C．电池保护模块　　　　　　　　D．充电管理模块

6. 单选题：解码后的音频信号将被送入（　　）模块（或元器件）。

　　A．扬声器　　　B．功放模块　　　C．AUX 音频插座　　D．蓝牙模块

7. 单选题：蓝牙音箱的额定工作电压是（　　）。

　　A．3V　　　　　　B．3.5V　　　　　C．4.8V　　　　D．4.2V

参 考 文 献

[1] 韩雪涛，吴瑛，韩广兴. 电子元器件从入门到精通[M]. 北京：化学工业出版社，2019.

[2] 孙洋，孔军. 电子元器件识别·检测·选用·代换·维修全书[M]. 北京：化学工业出版社，2021.

[3] 张越，刘海燕. 电子装配工艺与实训：项目式教程[M]. 北京：电子工业出版社，2013.

[4] 韩雪涛. 电子元器件识别·检测·选用·代换·维修全覆盖[M]. 北京：电子工业出版社，2022.

[5] 周春阳，梁杰，王蓉. 电子工艺实习[M]. 2 版. 北京：北京大学出版社，2019.

[6] 胡翔骏. 电路分析[M]. 3 版. 北京：高等教育出版社，2016.

[7] 张金，周生. 电子工艺实践教程[M]. 北京：电子工业出版社，2016.

[8] 付蔚，童世华. 电子工艺基础[M]. 北京：北京航空航天大学出版社，2019.

[9] 黄松，胡薇，殷小贡. 电子工艺基础与实训[M]. 武汉：华中科技大学出版社，2020.

[10] 王天曦，王豫明. 杨兴华. 电子工艺实习[M]. 北京：电子工业出版社，2013.

[11] 欧宙锋. 电子产品制造工艺基础[M]. 西安：西安电子科技大学出版社，2014.